农业生态实用技术丛书

生态型
肉鸡养殖技术

SHENGTAIXING ROUJI YANGZHI JISHU

农业农村部农业生态与资源保护总站　组编

李　平　李　龙　主编

U0257630

中国农业出版社
北　京

图书在版编目（CIP）数据

生态型肉鸡养殖技术/ 李平，李龙主编.—北京：中国农业出版社，2020.5

（农业生态实用技术丛书）

ISBN 978-7-109-24944-8

Ⅰ．①生… Ⅱ．①李… ②李… Ⅲ．①肉鸡-饲养管理 Ⅳ．①S831.4

中国版本图书馆CIP数据核字（2018）第272645号

中国农业出版社出版

地址：北京市朝阳区麦子店街18号楼

邮编：100125

责任编辑：张德君 李 晶 司雪飞 文字编辑：张庆琼

版式设计：韩小丽 责任校对：吴丽婷

印刷：北京通州皇家印刷厂

版次：2020年5月第1版

印次：2020年5月北京第1次印刷

发行：新华书店北京发行所

开本：880mm×1230mm 1/32

印张：5.5

字数：110千字

定价：44.00元

农业生态实用技术丛书
编 委 会

本书编写人员

主　　编　李　平　李　龙

参编人员　王金荣　李振田　潭成全

　　　　　郭　妞

序

中共十八大站在历史和全局的战略高度，把生态文明建设纳入中国特色社会主义事业"五位一体"总体布局，提出了创新、协调、绿色、开放、共享的发展理念。习近平总书记指出："走向生态文明新时代，建设美丽中国，是实现中华民族伟大复兴的中国梦的重要内容。"中共中央、国务院印发的《关于加快推进生态文明建设的意见》和《生态文明体制改革总体方案》，明确提出了要协同推进农业现代化和绿色化。建设生态文明，走绿色发展之路，已经成为现代农业发展的必由之路。

推进农业生态文明建设，是贯彻落实习近平总书记生态文明思想的必然要求。农作物就是绿色生命，农业本身具有"绿色"属性，农业生产过程就是依靠绿色植物的光合固碳功能，把太阳能转化为生物能的绿色过程，现代化的农业必然是生态和谐、资源可持续、环境友好的农业。发展生态农业可以实现粮食安全、资源高效、环境保护协同的可持续发展目标，有效减少温室气体排放，增加碳汇，为美丽中国提供"生态屏障"，为子孙后代留下"绿水青山"。同时，农业生态文明建设也可推进多功能农业的发展，为城市居民提供观光、休闲、体验场所，促进全社会共享农业绿色发展成果。

农业生态文明思想起源于古老的中国，中国自春秋时期就懂得用地养地的道理以及物理杀虫、人工除草等做法。农牧结合、稻田养鱼、桑基鱼塘等农业生态模式在历史上曾经极大推动了文明和经济的发展。当前，我国农业生态文明建设已进入提供更多优质生态产品以满足人民日益增长的优美生态环境需求的攻坚期，也到了有条件、有能力发展环境友好农业的窗口期。多年来，从事农业生态研究的学者和实践者扎根农业生产一线，按"整体、协调、循环、再生"的原则，围绕农业生态文明建设开展了广泛、系统的实践和研究，探索总结出了丰富多样的应用技术。

为推广农业生态技术，推动形成可持续的农业绿色发展模式，从2016年开始，农业农村部农业生态与资源保护总站联合中国农业出版社，组织数十位业内权威专家，从资源节约、污染防治、废弃物循环利用、生态种养、生态景观构建等方面，多角度、多要素、多层次对农业生态实用技术开展梳理、总结和归纳，系统构建了农业生态知识体系，编写形成了《农业生态实用技术丛书》。丛书中的技术实用、文字简洁、步骤详尽、脉络清晰，技术可推广、模式可复制、经验可借鉴，具有很强的指导性和适用性，将为广大农民朋友、农业技术推广人员、管理人员、科研人员开展农业生态文明建设和研究提供很好的参考。

2020年4月

前言

　　人类认识自然和改造自然的过程是漫长而曲折的，农业和养殖业莫不如此，大致经历了原始农业（游耕、游牧等）、传统农业和现代农业三个发展阶段。我国农业自古以来就居于世界领先地位，有"天、地、人合一""农－桑－鱼－畜"等理念和成功的做法，这些实际上是朴素的生态农业萌芽。

　　我国近现代养殖业，尤其改革开放以来，取得了举世瞩目的成就。然而，由于历史原因，我国近现代养殖业起点较低、基础薄弱，加之社会物资匮乏、人口众多，因此，以往畜牧生产关注的是"多""快""省"，对"好"和环境、生态、可持续发展的关注较少。

　　随着我国国力的迅速提升，人民生活水平的不断改善，人们对环境和食物安全与品质的要求越来越高，生态农业和生态养殖已然成为养殖业关注的热点和发展趋势。因此，本书将针对生态型肉鸡健康养殖技术进行简述，希望能将生态型肉鸡养殖的基本理念、方法、注意事项等，以简单明了的方式大致呈现出来，并能给读者以启示。

　　本书的读者主要定位为生态型肉鸡养殖经验较少

的养殖者，或者甚至是没有任何生态型肉鸡养殖经验的人士，因此，本书尽量用浅显易懂的方式来介绍，并点到为止，未做艰深学术及深入论述。另外，"授之以鱼不如授之以渔"，本书的知识点并未完全覆盖生态型肉鸡养殖的方方面面，很多技术的细节并未全部列出，而是指出其中可能对读者而言最重要和需要注意的事项，以及提供启发性的线索。另外，本书注意向读者传递"尽信书不如无书"和"与时俱进"的理念，希望读者能从中获得一点点的启发。在目前信息极为发达的互联网时代，网络上的信息资源可以超出任何一本专业书籍，并且可以时时互动，希望读者能够利用好各种网络信息平台，自我学习，自我提高！

　　本书在编写过程中参考了国内外大量书籍、文献和图片，在此向各位作者表示由衷感谢！由于时间仓促，编者实践与知识水平有限等原因，错误和不足在所难免；另外，生态养殖在我国起步较晚，生态型肉鸡养殖技术体系也在不断地摸索和完善，本书难免有很多局限，希望读者能谅解和批评指正，并能取精去粕，从中受益。

目录

一、概　述

本部分介绍了生态型肉鸡养殖的概念、技术要点及特点、不足和局限，简要的效益趋势分析和所需的要素。

（一）生态型肉鸡养殖的概念

1.生态农业

1970年，美国土壤学家W.Albreche首先提出了"生态农业"的概念，1981年M.Worthngton将生态农业明确地定义为"生态上能自我维持，低输入，经济上有生命力，在环境、伦理和审美方面可接受的小型农业"。中国特色的生态农业概念为运用生态学原理，按照生态规律，用系统工程的方法，因地制宜地规划、组织和进行农业生产，通过提高太阳能的利用率、生物能的转化率和废弃物的再循环率，以提高农业生产力，从而取得更多的农产品，做到合理开发利用自然资源，使农、林、牧、副、渔各业得到综合发展，保护生态环境，维护良好生态平衡，促进农业生产稳定持续发展。

2.生态养殖

生态养殖作为生态农业的一部分，目前有多个定义，本书中生态养殖是指按照生态学和生态经济学原理，应用系统工程方法，因地制宜地规划、设计、组织、调整和管理畜禽生产，以保持和改善生态环境质量，维持生态平衡，保持畜禽养殖业协调、可持续发展的生产形式。其可在合理安排粮食生产的情况下，通过种草养畜，以畜禽的粪水养地灌溉，种养结合，以实现养殖业可持续发展。

3.生态型肉鸡养殖

目前，生态型肉鸡养殖一般是指从农业可持续发展的角度，根据生态学、生态经济学的原理，将传统养殖方法和现代科学技术相结合，根据不同地区特点，利用天然草原、森林、林地、草场、果园、农田、荒山等资源，实行放养和舍养相结合的生态型健康养殖模式。肉鸡可以自由采食野生自然食物，如觅食昆虫、杂草（籽）、腐殖质等，另外人工科学地补饲配合饲料，环境空气新鲜，饮用水无污染，并严格限制化学药品和饲料添加剂等的使用，禁用任何激素，不使用或仅使用治疗性抗生素。通过较好的饲养环境、科学饲养管理和卫生保健措施等，鸡肉达到无公害食品、绿色天然优质食品等标准。与此同时，生态型肉鸡养殖还可以控制植物虫害、减少或不用农药，鸡粪还可以提高土壤肥力，从而获得较好的经济效益、生态效益和社会效益。

生态型肉鸡养殖模式主要是采用专业户和散养模式。目前肉鸡各模式采取的养殖方式主要是平养、网养（或栅养）、笼养、放养等，饲养户要根据自身经济和物质条件，选择一种最适合的养殖模式和饲养方式。

（二）生态型肉鸡养殖的技术要点

概括来说，生态型肉鸡养殖主要技术要点有：①选择适合的生态型肉鸡品种。②选好饲养场址。③选择合适的育雏（雏指雏鸡）季节，抓好幼雏、育成阶段放养训练。④选好人工补饲饲料，在人工饲料生产过程中严禁添加各种化学药品，以保证生态肉鸡的品质。⑤做好疫病防治。⑥做好天敌防范。

（三）生态型肉鸡养殖的特点、不足和局限

1.生态型肉鸡养殖的特点

（1）可充分利用自然资源，降低饲料和其他生产成本。我国有大量的林地、山坡、草场、果园等自然资源，它们都可以作为生态型肉鸡养殖的资源被利用。例如鸡可以自然觅食林地、草原等中的天然植物性饲料（树叶、草籽、嫩草等）和天然的动物性饲料（蝗虫、蚯蚓等昆虫）。在我国大部分地区的夏季和秋季，仅需适当补些饲料，即可满足其营养需要，

可节省约1/3的饲料，大幅降低养殖成本。又如果园生态型肉鸡养殖，除昆虫、草籽等之外，还可以采食落果，变废为宝，节省饲料。生态型肉鸡养殖的鸡舍一般较为简易（当然也可建成高级鸡舍），无需笼具，可减少一部分的固定资产投入和资金占用量。

林地、草场、果园等生态型肉鸡养殖场地的环境一般较好，阳光充足，空气新鲜，饲养密度较小，鸡的活动量较大，自由采食大量天然饲料，所以一般机体较为健康，抵抗力强，疾病少。特别是人流、交通较少的地点，可大幅阻断传染病的发生，可以减少药物开支。

（2）可生产安全、优质鸡肉产品。生态型肉鸡养殖，可提高鸡的健康程度和抵抗力，加之环境较为优良，阳光、空气、饲料天然健康，在控制良好的情况下，可以不添加任何化学药物和抗生素，而且距离也会天然阻断传染病发生，因此，可减少药物施用，从而减少抗生素等药物残留，满足人民群众对食品安全的更高要求。与此相对应的是，集约化饲养的肉鸡所处环境较差，饲养密度大，福利较难保证，易感疾病和染菌，因此，容易出现鸡的病死、药物施用量较大及药物残留超标等情况。

另外有不少研究表明，与舍内饲养的鸡相比，生态放养鸡的肉品质较好，肌肉特别是腿肌中干物质和蛋白质含量较高；胸部肌肉中的脂肪含量、水分含量较低；胸肌和腿肌中氨基酸总量显著高于舍内饲养鸡，与风味有关的谷氨酸和肌苷酸等鲜味氨基酸含量也相对较高；肌肉纤维直径较小、密度较大、粗灰分含量高、嫩度较好、肉更美味，肉品优质。

（3）有利于农作物的保护。生态型肉鸡养殖中的一些模式，如果园、茶园、林地生态放养模式下，鸡可以大量捕食昆虫（多指害虫），再配合灯光、性信息等诱虫技术，即可大幅降低农作物虫害的发生率，减少农药使用量，既保护了农作物，也降低了综合生产成本，又对环境和人类的健康十分有利。有调查显示：苹果园养鸡，农药施用次数可以减少1/3，费用降低200 ～ 400元/亩*；棉田养鸡，每亩农药费用可节约70%。

（4）增加经济效益、社会效益和生态效益。生态型肉鸡养殖，可部分缓解养殖业与种植业用地矛盾。比如，以果园、林地、草地放养鸡几乎不需另外占用额外土地，使土地资源得到复合利用；不会造成环境污染，并能保护和提升这些土地的肥力，鸡粪自动还田。有研究表明，果园每养50只鸡，一年可产750千克的鸡粪，相当于50千克的过磷酸钙、50千克的碳铵、10千克的氯化钾所含的养分，并有效增加土壤有机质含量，使果品更优，综合效益明显。

2.生态型肉鸡养殖的不足和局限

生态型肉鸡养殖尽管有很多特点，但目前仍存在一些不足和局限。

（1）较大的生态农业层面存在的不足。生态农业

---

* 亩为非法定计量单位，15亩=1公顷。

的理论基础尚不完备；技术体系不够完善；政策方面需要继续完善；服务水平和能力建设不足；农业的产业化水平不高；组织建设存在不足；推广力度不够等。关于这方面的研究论述很多，也是各级政府和部门需要关心和逐步解决的问题，这里不做进一步阐述。

（2）优秀的品种和雏鸡品质有待提高。可以说，在外来品种没有进入我国和规模化养殖兴起之前，我国各地形成了多个独特且优良的地方品种，但随着时代发展，目前专门的、适合各地生态型养殖的专业化品种或品系并不多，此方面的科学研究力量也较薄弱。因此，欲选择适合当地生态养殖的优秀品种，需要养殖者结合当地情况，多方咨询和筛选以及实践验证。另外，雏鸡苗的质量较难保证，品种混杂，有些已严重退化，产品规格不一，抗体水平不等，这些都给饲养造成了不利影响。因此，养殖者应尽量选择具有较大规模、历史较久、较好口碑的种苗企业，也许价格会略高，但会减少很多后续问题，实际效益可能会更好。

（3）饲养管理水平有待提高。相对于规模化养殖，无论从科研层面，还是规模效益层面，生态养殖目前的比例仍较小，重视程度有限，此方面的系统研究较少，而且，生态养殖环境和情况更为复杂多变，可参考的标准化模式较少。另外，从业人员的专业化程度可能相对不高，缺乏生态型肉鸡养殖的专业知识和技术，只是根据传统经验甚至凭感觉来饲养管理，缺乏建立规范化管理制度的意识，常常会导致管理不到位，影响养殖效果和效益。因此，生态型肉鸡的养殖者，应积极主动学习，借鉴传统养殖模式和现代规模化养殖模式的优点，结合自身特点，不断摸索适合自己的模式，总结经验教训，提高自身的饲养管理水平。

（4）生产性能有待提高。生态型肉鸡养殖，若雏鸡的质量较差，则鸡的成活率低，生长慢，疾病多发，生产性能降低，养殖效益差。因此，需要选择质量好的雏鸡进行养殖，提供良好的饲养条件（如保温性能好的育雏舍，防寒、保温和隔离卫生条件良好），供给充足且营养丰富的饲料，有良好的饲养管理水平等。

（5）经营管理水平有待提高。目前从事生态型养殖的人士，大多仍是小规模分散经营，缺乏统一的生产标准和规程，产品规格化程度低；缺乏品牌与产品认证意识，很多没有进行产品质量认证和商标注册，这不仅会影响到产品的信誉，也会影响到产品的销售及养殖效益。然而，目前已有越来越多的从业者关注此项问题，并且有很大改观，很多人通过注册自己的品牌，改进包装，使生产和产品标准化，加之对应等级的产品认识，拓宽超市及网络（如京东、淘宝、微信等）销售渠道等措施，使经营水平和效益有了大幅提高。

（6）疫病防控难度较大。生态型养鸡有很多养殖模式以放养为主，鸡较容易感染寄生虫等疾病；场地较为宽阔，动物流动性大，给日常的环境消毒、疫病预防控制造成一定的难度。因此，种苗的选择，病死鸡的处理与隔离，疫苗免疫等环节不能放松，尽量从源头控制好疾病。

（四）生态型肉鸡养殖效益分析

一方面，生态型肉鸡养殖可以节省一部分饲料，饲料成本一般会占到整个养殖成本的70%左右，而生态养殖如林地养殖模式下，一般可节约饲料10%～30%；另外，设备和建筑设施相对投资较小，用地面积少，疾病少，用药少，这些都可以节约养殖成本。

另一方面，由于生态型肉鸡的品质较好，肌肉较为结实，味道较为鲜美，有传统土鸡特有的风味，在注重鸡肉风味的地区和人群中销路较好，售价往往比普通笼养或普通养殖模式下的肉鸡价格高出几成甚至1倍以上。

从综合效益角度来讲，假如算上由于生态型肉鸡养殖对所处林地、果园、茶园等施肥、减少病虫害等的额外效益，则更为可观。根据国家肉鸡产业体系总结的2017年白羽肉鸡和黄羽肉鸡收益，商品代白羽肉鸡和黄羽肉鸡的年平均利润分别为0.10元/只和2.42元/只，由于生态型肉鸡大多为黄羽肉鸡品种，据此也可以推测出生态型肉鸡养殖的效益较高。

此外，由生态养殖还可衍生出生态旅游、农家乐、土特产品等商业模式，进而带动生态养殖及其产品附加值的进一步提升。

从长远来看，随着市场的进一步成熟，龙头企业、农民专业合作社等进一步发展，必将逐渐建立起完善的生态养殖产业链，产品质量进一步提升，将能更好地满足面向国内外市场的需求，不仅有利于农业的综合效益提升，也有助于增加农民收入，促进整个社会的和谐发展，意义重大，利国利民。

（五）生态型肉鸡养殖应具备的条件

生态型肉鸡养殖是否适合，取决于两大方面：一是是否具备人、财、物、场地等客观条件，二是是否了解相关的技术和经营管理，是否有抗风险的能力和心态等主观条件。

而从必须要具备的条件讲，至少要有五个条件：

1.要有相关完善的养殖证照

如动物防疫合格证等。

2.要拟定具体的创业计划

特别是一定规模的养殖，投入较大，成本回收周期长，不能盲目进行。首先应拟订养殖创业计划，然后进行可行性分析，最后确定具体规划内容。

3.要具备一定的专业技术知识

有必要在项目运行之前，学习相应的专业知识，如《中华人民共和国动物防疫法》、肉鸡饲养管理技术、疫病防控技术、营养与饲料配制技术及经营管理等方面的知识内容。

4.要具有适宜的饲养场地

既要有建鸡舍的条件，又要有适宜放牧的场地。养殖场要选择在地势高、背风向阳、环境安静、水源充足卫生、排水方便、供电方便和交通方便的地方，最好选择适宜放养的林区、果园、茶园、草场、荒山荒坡以及其他经济林地等。

5.要保证有适合当地环境和消费习惯的品种和种苗供应商

放养生态型肉鸡大多选择体型为中小型、活泼好动、耐粗饲、抗病力强、生长发育快、肉质较好的地方品种。

二、肉鸡品种

　　本部分介绍了适合生态养殖的肉鸡品种的选择，我国现有的肉鸡品种以及快大型、中速型、慢速型肉鸡品种。

　　我国幅员辽阔，蕴藏着极其丰富的地方鸡品种资源，并且引进了部分国外品种。由国家畜禽遗传资源委员会编写的《中国畜禽遗传资源志·家禽志》(2011) 收录了我国地方品种鸡107个、培育品种4个、引进品种5个，还有许多经过选育的黄羽肉鸡品种，截至2014年底，通过国家品种审定委员会审定的有44个配套系（品种），1个培育品种，36个地方品种，加上引进的白羽肉鸡品种及配套系。因此整个肉鸡市场的可供选择饲养的品种特别多。但是在生态型养殖中养什么品种的鸡以及如何区分品种差异对于养好生态型肉鸡极其重要。

（一）适合生态型养殖的肉鸡品种的选择

　　由于可供选择的鸡品种较多，可什么品种适合生态型养殖呢？一般的肉用鸡种、兼用型鸡种、蛋用鸡种的公雏及当地农村的土鸡（柴鸡）都可作为生态型肉鸡品种，具体选择时应因地制宜，通常认为兼用型鸡种最好。请注意本书不涉及蛋用鸡，并且当涉及品种的相关介绍时，侧重于指向我国地方品种。

具体如何选择，可参考图1所示的标准，即鸡的生理特点和生活习性与生态型养殖相适应，鸡的品种与饲养管理条件和水平相适应，符合场地规模和资金情况，满足市场需求和经济效益。

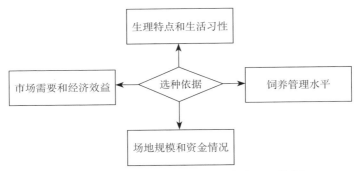

图1　生态型养殖选择肉鸡品种的主要依据

1.生理特点和生活习性与生态型养殖相适应

生态型养殖的固有特点要求选择的肉鸡品种必须在生理特点和和生活习性上表现出较强的适应性，必须具有抗应激能力强、抗病力高、觅食性强、耐粗饲、适应当地气候等生理特性。

（1）抗应激能力强。由于生态型养殖在果园、林地、山坡、荒地等野外，环境条件不稳定，应激因素复杂多变，比如冬天没有保暖措施，又比如温度、气流、光照等变化大，还会遭受雷鸣闪电、强风暴雨、野兽或其他动物侵袭等一些意外的刺激，因此，应选择抗应激能力强的品种。

（2）抗病力高。自由野外活动导致鸡接触病原物质的可能性增加。患其他疾病如球虫、白痢的概率均不同程度地高于笼养鸡，因此，应选择抗病能力强的鸡品种。

（3）觅食性强。饲养环境中肉鸡要大量地觅食野生饲料资源，因此必须具有较强的觅食能力。

（4）耐粗饲。野生的饲料资源中含有较多的植物饲料，粗纤维含量高，所以生态型养鸡的鸡品种还应具有较强的消化能力，以提高粗纤维的消化利用率。

（5）适应当地气候和环境。我国幅员辽阔，各地气候条件相差甚大，进行品种选择时应考虑所拟选择品种对当地气候条件的适应性。选择时最好选择那些距饲养地区较近，气候条件差异不大，宜于适应当地环境、气候的品种。只有这样才能减轻鸡群对环境适应的压力，充分发挥其生产性能，取得较好的养殖效果，获得较高的经济效益。比如生态放养鸡的选择应当以中小体型鸡为主，应当选择那些体重偏轻、体躯结构紧凑、体质结实、个体小而活泼好动、对环境适应能力强的品种。对于大型鸡种来说，体躯硕大、肥胖、行动笨拙不适于野外生活。

2.与饲养条件和管理水平相适应

（1）饲养条件。生态型养殖饲养条件千差万别、多种多样，如林地生态型养殖、园地生态型养殖、草地生态型养殖、大田生态型养殖、山地生态型养殖等。饲养条件不同，鸡的品种选择也不同。果园、林地或山地生态型养殖要求选择腿细长，奔跑能力、觅食力和抗病力强，肉质好的小体型鸡（体重最大能达到1.5千克）。如果圈养，可以选择利用杂交方式选育的具备一些优质鸡特点的品种鸡（这些鸡生长速度相对比较快、体重比较大，但觅食能力和活动能力差，仅适合集中饲喂条件下的圈养）。

（2）饲养管理水平。生态型养殖的饲养管理水平直接影响到其后代的质量和生产性能表现。因此选种必须与饲养管理水平相适应。比如白羽肉鸡和快大型黄羽肉鸡养殖需要较高饲养管理水平才能达到理想的生产水平，慢速型黄羽肉鸡饲养管理水平要求相对较低，较易饲养。

3.有较高经济效益，能满足市场需求

（1）有较高经济效益。土鸡品种类型众多，通常未经系统的选育，并且各地的生态环境和养殖方式也不尽相同。因此，不仅不同品种间生产性能差异较大，而且群体内不同个体间的生产性能也很不一致。由于人们重开发、轻选育，真正能够开展土鸡选育的种鸡场很少。市场上的品种来源混杂，群体整齐度较差、羽色、体貌、生产性能和体重大小不够整齐。因此，在选择品种时应注意选择体型外貌一致、生产性能较好的品种，否则会对生产造成不利影响。在生态型养鸡中也应当遵循这一特点，着重选择那些够提供优质产品的品种，这些品种的生产性能也较高，从而有较高经济效益。

（2）能满足市场需求。随着经济条件的改善和生活水平的提高，沿海发达地区和大中城市的消费者越来越喜爱土鸡（地方品种鸡或利用地方品种杂交），因为土鸡口味好，加上其健康的养殖方式，产品更加绿色。不同地区由于消费习惯不同，对土鸡外貌特征有不同要求，对鸡蛋的颜色要求也有不同，对土鸡的经济特点（包括蛋肉兼用型、蛋用型、肉用型）要求也有不同，所以选择品种时要考虑销售地区和消费对象的需求，选择他们喜爱的羽色、皮肤颜色、蛋壳颜色以及经济类型的品种。如北方消费者喜欢的多是羽毛颜色多种混杂的地方标准品种（或地方标准品种之间杂交的品种），南方消费者不仅喜欢地方标准品种，也喜欢经选育杂交的优质黄羽肉鸡品种。优质黄羽肉鸡品种在北方没有太大市场，大部分都在南方消费。

4.符合场地规模和资金情况

如有的品种如白羽肉鸡适合集约化笼养和平养，对栏舍和场地要求很高。有的饲养场地简陋，配套资金建设栏舍不足，这就需要选择对场地栏舍要求较低的品种。

（二）全国常见的肉鸡品种

我国目前饲养的肉鸡品种有几十种，按其来源分为国外引进品种和地方优良品种（包括培育品种），按照肉品质分为快大型肉鸡和优质黄羽肉鸡。快大型肉鸡生长速度快，饲料转化率高，但肉质风味相对较差，并且饲养管理水平以及饲料配方水平要求较高，一般适合集约化笼养或者平养，不适合生态型养殖；优质黄羽肉鸡生长速度慢，饲料转化率低，但肉质风味较为优良，饲养管理水平和配方水平要求一般。因此生态型养殖中大多选用优质黄羽肉鸡作为饲养品种（但编者认为生态型肉鸡养殖，不应局限为地方品种，生态养殖作为一种养殖方式和理念，不应对饲养对象的品种进行先入为主的观念约束，因此，所有肉鸡品种都有可能作为生态型肉鸡养殖的对象）。国内部分优质黄羽肉鸡的生产性能见表1。

表1　国内部分优质黄羽肉鸡的生产性能

品种	饲养期（天）	体重（千克）	饲料转化率
惠阳胡须鸡	105	1.35	3.8∶1
清远麻鸡	105	1.40	3.7∶1
石岐杂鸡	105	1.50	3.5∶1
北京油鸡	105	1.45	3.8∶1
苏禽96黄鸡	70～95	1.5～1.8	（2.5～3.0）∶1

（续）

品种	饲养期（天）	体重（千克）	饲料转化率
882黄鸡	60（母）	1.45	2.3∶1
	90（公）	1.95	2.8∶1
江村黄鸡	63（母）	1.5	2.3∶1
	90（公）	1.8	3.01∶1

目前，通过国家品种审定委员会审定的有44个配套系（品种），1个培育品种，如表2所示。36个主要地方品种为北京油鸡、坝上长尾鸡、狼山鸡、溧阳鸡、鹿苑鸡、固始鸡、大骨鸡、寿光鸡、浦东鸡、仙居鸡、江山乌骨鸡、萧山鸡、河田鸡、金湖乌凤鸡、闽清毛脚鸡、文昌鸡、惠阳胡须鸡、清远麻鸡、杏花鸡、广西三黄鸡、龙胜凤鸡、霞烟鸡、瑶鸡、白耳黄鸡、丝羽乌骨鸡、崇仁麻鸡、东乡绿壳蛋鸡、边鸡、景阳鸡、茶花鸡、西双版纳斗鸡、藏鸡、独龙鸡、大围山微型鸡、武定鸡、盐津乌骨鸡。

表2　45个黄羽肉鸡配套系及培育品种

证书编号	名称	类型	培育或申报单位
农09新品种证字第1号	康达尔黄鸡128	配套系	深圳康达尔有限公司家禽育种中心
农09新品种证字第3号	江村黄鸡JH-2号	配套系	广州市江丰实业有限公司
农09新品种证字第4号	江村黄鸡JH-3号	配套系	广州市江丰实业有限公司

（续）

证书编号	名称	类型	培育或申报单位
农09新品种证字第5号	新兴黄鸡Ⅱ号	配套系	广东温氏食品集团有限公司
农09新品种证字第6号	新兴矮脚黄鸡	配套系	广东温氏食品集团有限公司
农09新品种证字第7号	岭南黄鸡Ⅰ号	配套系	广东省农业科学院畜牧研究所
农09新品种证字第8号	岭南黄鸡Ⅱ号	配套系	广东省农业科学院畜牧研究所
农09新品种证字第9号	京新黄鸡100	配套系	中国农业科学院畜牧研究所
农09新品种证字第10号	京新黄鸡102	配套系	中国农业科学院畜牧研究所
农09新品种证字第12号	邵伯鸡	配套系	江苏省家禽科学研究所 江苏省扬州市畜牧兽医站 江苏省畜牧兽医职业技术学院
农09新品种证字第13号	鲁禽1号麻鸡	配套系	山东省家禽科学研究所、山东省畜牧兽医总站、淄博明发种禽有限公司
农09新品种证字第14号	鲁禽3号麻鸡	配套系	山东省家禽科学研究所、山东省畜牧兽医总站、淄博明发种禽有限公司
农09新品种证字第16号	新兴竹丝鸡3号	配套系	广东温氏南方家禽育种有限公司
农09新品种证字第17号	新兴麻鸡4号	配套系	广东温氏南方家禽育种有限公司

（续）

证书编号	名称	类型	培育或申报单位
农09新品种证字第18号	粤禽皇2号	配套系	广东粤禽育种有限公司
农09新品种证字第19号	粤禽皇3号	配套系	广东粤禽育种有限公司
农09新品种证字第20号	京海黄鸡	培育品种	江苏京海禽业集团有限公司、扬州大学、江苏省畜牧总站
农09新品种证字第23号	良凤花鸡	配套系	广西南宁市良凤农牧有限责任公司
农09新品种证字第24号	墟岗黄鸡1号	配套系	广东省鹤山市墟岗黄畜牧有限公司
农09新品种证字第25号	皖南黄鸡	配套系	安徽华大生态农业科技有限公司
农09新品种证字第26号	皖南青脚鸡	配套系	安徽华大生态农业科技有限公司
农09新品种证字第27号	皖江黄鸡	配套系	安徽华卫集团禽业有限公司
农09新品种证字第28号	皖江麻鸡	配套系	安徽华卫集团禽业有限公司
农09新品种证字第29号	雪山鸡	配套系	江苏省常州市立华畜禽有限公司
农09新品种证字第30号	苏禽黄鸡2号	配套系	江苏省家禽科学研究所
农09新品种证字第31号	金陵黄鸡	配套系	广西金陵养殖有限公司
农09新品种证字第32号	金陵麻鸡	配套系	广西金陵养殖有限公司

（续）

证书编号	名称	类型	培育或申报单位
农09新品种证字第33号	岭南黄鸡3号	配套系	广东智威农业科技股份有限公司
农09新品种证字第34号	金钱麻鸡1号	配套系	广东宏基种禽有限公司
农09新品种证字第35号	南海黄麻鸡1号	配套系	佛山市南海种禽有限公司
农09新品种证字第36号	弘香鸡	配套系	佛山市南海种禽有限公司
农09新品种证字第37号	新广青脚（铁脚）麻鸡	配套系	佛山市高明区新广农牧有限公司
农09新品种证字第38号	新广黄鸡K996	配套系	佛山市高明区新广农牧有限公司
农09新品种证字第39号	大恒699肉鸡	配套系	四川大恒家禽育种有限公司
农09新品种证字第42号	凤翔青脚麻鸡	配套系	广西凤翔集团畜禽食品有限公司
农09新品种证字第43号	凤翔乌鸡	配套系	广西凤翔集团畜禽食品有限公司
农09新品种证字第46号	五星黄鸡	配套系	安徽五星食品股份有限公司、安徽农业大学、中国农业科学院北京畜牧兽医研究所、安徽省宣城市畜牧局
农09新品种证字第47号	金种麻黄鸡	配套系	惠州市金种家禽发展有限公司

（续）

证书编号	名称	类型	培育或申报单位
农09新品种证字第49号	振宁黄鸡	配套系	宁波市振宁牧业有限公司、宁海县畜牧兽医技术服务中心
农09新品种证字第50号	潭牛鸡	配套系	海南（潭牛）文昌鸡股份有限公司
农09新品种证字第51号	三高青脚黄鸡3号	配套系	河南三高农牧股份有限公司
农09新品种证字第55号	天露黄鸡	配套系	广东温氏食品集团股份有限公司、华南农业大学
农09新品种证字第56号	天露黄鸡	配套系	广东温氏食品集团股份有限公司、华南农业大学
农09新品种证字第57号	光大梅黄1号肉鸡	配套系	浙江光大种禽业有限公司、杭州市农业科学研究院
农09新品种证字第59号	桂凤二号黄鸡	配套系	广西春茂农牧集团有限公司、广西壮族自治区畜牧研究所

（三）快大、中速和慢速型肉鸡

快大、中速和慢速一般指肉鸡的生长速度，即快、中、慢。其中引进品种如爱拔益加、罗斯308、科宝、艾维因等白羽肉鸡，由于其生长速度快，被称为快大型肉鸡。但是白羽肉鸡一般在规模化条件下饲养，饲养管理水平、营养水平和环境条件要求较高，不适合生态型养殖。

　　黄羽肉鸡也可分为快大型黄羽肉鸡、中速型黄羽肉鸡、慢速型黄羽肉鸡。由于黄羽肉鸡有许多地方特色的品种，它们的体型外貌、生产性能具有巨大差异。而当地居民将某些品种特征与肉质相联系形成了不同的消费习惯，也使黄羽肉鸡形成了相对复杂的区域市场需求。为了便于区分，通常可以按照毛色（麻羽、黄羽、黑羽、花羽）、肤色（黄色、白色、黑色）、胫色（黄色、青色、白色、黑色）、胫长（长脚、矮脚）、生长速度（快大、中速、慢速）、上市日龄（大约为60天前，60～90天和90天后）及市场区域（华南、华中、华东、华北、西南）等方面的异同将其分类，其中以上市日龄和生长速度相结合的方式即60天左右出栏的快大型、60～90天出栏的中速型和90天以后出栏的慢速型黄羽肉鸡进行划分的方法因简单实用而得到了普遍认可。

1.快大型黄羽肉鸡的特点与主要品种

　　主要以长江中下游的上海、江苏、浙江和安徽等地为主要市场。通过选育和配套杂交，因其含有的白羽肉鸡（主要为隐性白羽鸡）血缘成分较高，所以脚粗壮，生长速度较传统的品种有了巨大提高，有的母鸡60天即上市，上市体重达1.3～2千克；饲料转化率也有较大提高。该市场对其生长速度要求较高，对"三黄"特征要求较为次要，黄羽、麻羽、黑羽均可，胫（小腿）色有黄色、青色和黑色，其肉质一般。

　　其主要代表品种为快长型商业品种（配套系），如岭南黄鸡1号配套系、岭南黄鸡2号配套系、新兴黄鸡2号配套系鸡、江村黄鸡JH-2号配套系、京星黄鸡102配套系、新广黄鸡K996等都是国内著名的快长型品种，其外观、生产性能和适宜养殖区域和培育单位等特征参考表3。

表3　部分快大型黄羽肉鸡特征

品　种	生产性能	适宜养殖区域	培育单位
岭南黄鸡1号配套系	商品代公鸡45日龄体重1.58千克，母鸡体重1.35千克，公、母鸡平均饲料转化率2.0：1	适合全国饲养（除西藏）	广东农业科学院畜牧研究所
岭南黄鸡2号配套系	商品代公鸡商品代公鸡42日龄体重1.53千克，母鸡42日龄体重1.28千克，公、母鸡平均饲料转化率1.83：1	适合全国饲养（除西藏）	广东农业科学院畜牧研究所
新兴黄鸡2号配套系	商品代公鸡商品代公鸡60日龄体重1.5千克，饲料转化率2.1：1	适宜华南、华东、华中等地区	广东温氏南方家禽育种有限公司
江村黄鸡JH-2号配套系	63日龄公鸡体重1.85千克，饲料转化率2.2：1，70日龄母鸡体重1.55千克，饲料转化率2.1：1	适宜华南、华东、华中等地区	广州市江丰实业有限公司
京星黄鸡102配套系	商品代50日龄公鸡体重1.5千克，饲料转换率为2.03：1，63日龄母鸡体重1.68千克，饲料转化率2.38：1	适宜在海拔2 000米以下的地区养殖	中国农业科学院畜牧兽医研究所
新广黄鸡K996	商品代70日龄公鸡平均体重为1.75千克，母鸡1.35千克，公鸡饲料转化率2.3：1，母鸡2.5：1	适宜华南、华东、华中等地区	佛山市高明区新广农牧有限公司

2.中速型黄羽肉鸡的特点和主要品种

中速型以香港、澳门和广东珠江三角洲地区为主要市场，内地市场有逐年扩大的趋势。香港、澳门、广东的市民偏爱接近性成熟的小母鸡，要求60～90日龄上市，体重1.5～2千克，鸡冠红而大，毛色光亮，具有典型的"三黄"外形特征。其肉质好，肉质细嫩、味道鲜美，羽毛黄色，在市场上具有较强的竞争力和较高的价值。

其主要代表品种有少部分地方品种或培育品种，如固始鸡、崇仁麻鸡、鹿苑鸡、丝羽乌骨鸡等。市场上的中速型商业品种（配套系）比较多，如新兴麻鸡4号配套系、新兴矮脚黄鸡配套系、新兴竹丝鸡3号配套系、苏禽黄鸡配套系、粤禽皇2号鸡配套系、金陵麻鸡配套系等。其外观、生产性能和适宜养殖区域和培育单位等特征参考表4。

表4　部分中速型黄羽肉鸡特征

名　　称	生产性能	适宜养殖区域	培育单位
新兴麻鸡4号配套系	商品母鸡77天出栏，体重为1.6千克，饲料转化率为2.4：1	适合全国（除西藏）范围内进行推广养殖	广东温氏南方家禽育种有限公司
新兴矮脚黄鸡配套系	商品代母鸡80天出栏，成年母鸡平均体重1.4千克	华南、华东、华中等地区	广东温氏南方家禽育种有限公司

名　称	生产性能	适宜养殖区域	培育单位
新兴竹丝鸡3号配套系	商品代公鸡70天出栏，体重1.1千克以上，商品母鸡75天出栏，体重1千克以上，公、母鸡出栏时的饲料转化率2.6∶1以下	广东、广西和海南等华南地区	广东温氏南方家禽育种有限公司
苏禽黄鸡配套系	商品代母鸡70日龄体重达到1.53千克，饲料转化率为2.5∶1	江苏、上海、浙江、安徽	江苏省家禽科学研究所
粤禽皇2号鸡配套系	商品代母鸡63～70天出栏，体重达1.5～1.6千克，平均饲料转化率2.4∶1	全国（西藏除外）	广东粤禽育种有限公司
金陵麻鸡配套系	公鸡65天出栏，体重为2～2.15千克，饲料转化率为（2.2～2.3）∶1；母鸡65日龄出栏，体重为1.85～1.95千克，饲料转化率为（2.3～2.5）∶1	广西、云南、贵州、四川、重庆、新疆、江西、湖南、湖北	广西金陵农牧集团有限公司

3.慢速型黄羽肉鸡的特点和主要品种

慢速型以广西、广东湛江地区和部分广州市场为代表，其他地区中高档宾馆饭店、高收入人员也有需求。要求90～120日龄或120日龄以上出栏，体重1.1～1.5千克，鸡冠红而大，羽色光亮，胫较细，羽色和胫色随鸡种和消费习惯而有所不同。这种类型的鸡一般未经杂交改良，肉质鲜美，风味独特，最受消费者欢迎，但饲料转化率低，饲养周期较长。

　　大多数地方品种都属于慢速型品种，如清远麻鸡、惠阳胡须鸡、杏花鸡、文昌鸡等。市场上的慢速型商业品种正在逐渐增多，如岭南黄鸡3号配套系、潭牛鸡、三高青脚黄鸡3号配套系、天露黄鸡、天露黑鸡等。其外观、生产性能和适宜养殖区域和培育单位等特征参考表5。

表5　部分慢速型黄羽肉鸡特征

名　　称	生产性能	适宜养殖区域	培育单位
岭南黄鸡3号配套系	母鸡115日龄出栏，体重为1.3千克，饲料转化率为4.0：1	适合以广东、广西和海南为代表的华南地区以及以安徽、江苏和浙江为代表的华东地区	广东智威农业科技股份有限公司
潭牛鸡	110日龄母鸡上市体重1.5～1.6千克，饲料转化率（3.5～3.7）：1	适合全国（西藏除外）饲养	海南（潭牛）文昌鸡股份有限公司
三高青脚黄鸡3号配套系	商品代肉鸡公鸡16周龄平均体重为1.86千克，母鸡平均体重为1.42千克，公、母鸡平均饲料转化率为3.34：1	适合全国（西藏除外）饲养	河南三高农牧股份有限公司
天露黄鸡	母鸡105日龄上市，体重1.4～1.5千克，饲料转化率（3.5～3.6）：1	广东、广西、湖南、湖北、福建、浙江等地	温氏集团南方家禽育种公司
天露黑鸡	母鸡105日龄上市，体重1.45～1.55千克，饲料转化率（3.4～3.5）：1	湖南、湖北、江西、福建、浙江、广东、广西、四川、贵州等地	温氏集团南方家禽育种公司

三、生态型肉鸡养殖模式

本部分介绍了生态型肉鸡养殖的几种模式、适合规模、几种主要养殖方式及鸡苗培育。

（一）主要养殖模式

生态养殖，目前多采取前期舍饲、后期放归自然加补饲的方式，遵循动物与自然和谐发展的原则，利用鸡的生活习性，在草地、草山、草坡、果园、竹园、茶园、河堤、荒滩上放养。生态养殖由于鸡活动空间大、空气清新，鸡健康、抗病力强、成活率高，既利用了部分自然资源，降低了饲养成本，又增加了鸡的自然风味。养出的鸡羽毛光亮、冠头红润，皮薄骨细、皮下脂肪适中、风味独特，肉质鲜嫩、鸡味更浓，颇受消费者欢迎。当前，许多农业园区积极发展生态型肉鸡养殖，取得了良好的成效。现在生态型肉鸡养殖常结合各自情况因地制宜，主要构成了围网生态型肉鸡养殖模式、简易大棚舍养生态型肉鸡养殖模式、林下灌丛和草地生态养鸡模式、山地放牧生态养鸡模式等，本书仅介绍几种较具代表性的模式。

1.围网生态型肉鸡养殖模式

围网生态型肉鸡养殖模式要求养殖场地面积较大，林地、果园、竹园、茶园种植密度稀疏适中，则适合围网放养的养鸡模式。养鸡场地（图2）用幅宽1.5～2米的钢纱网，将准备放养场地的四周围起来，在上、中、下部用3根铁丝与树木或木桩固定围网，网下部埋入土中10厘米深。若使用的是塑料网，则在塑料网的下部围40厘米高的一圈钢丝网，以防止黄鼠狼和犬等动物钻破塑料网，特别是防晒网。

图2　围网生态型肉鸡养殖模式

2.简易大棚舍养生态型肉鸡养殖模式

如果林地、果园、竹园、茶园种植密度大，不方便放养和肉鸡管理，可以在林地、果园、竹园、茶园空旷地带因地制宜地修建一些简易的野外大棚进行大棚生态养殖（图3）。其特点是四面有墙，南北有窗，舍内环境控制一部分靠自然通风、自然光照，一部分靠人工通风、人工光照。简易大棚结构简单，造价低，适用于一般肉鸡场和专业户使用。不足是利用自然通风、自然光照，舍内环境条件随气候变化，很不稳定。鸡舍的跨度一般为10～12米，净宽8～10米，过宽不利于通风；鸡舍的高度是檐高2～2.5米；鸡舍的门高为2米，并设在两侧，宽度以便于生产操作为准，一般单扇门宽1米，双扇门宽1.6米左右；窗户面积与地面面积之比一般以1：（4～6）为宜。塑料大棚简易鸡舍，山墙及后墙用土坯或干打垒（有条件可用砖墙），山墙一侧开门，房顶搭成单斜式，前面用竹片、立柱等做成拱架，上面覆盖塑膜，根据气候变化随时揭开塑膜，或者直接在闲置田间搭设塑料大棚。这种鸡舍优点是省钱，适用于资金缺乏、规模小的养鸡户；缺点是舍内昼夜温差较大，特别是冬季湿度大，舍内粉尘重，管理比较困难。

图3　简易大棚舍养生态型肉鸡养殖模式（王伟　摄）

3.林下灌丛和草地生态型肉鸡养殖模式

如果有丰富的林地和灌木草丛可以选择利用，则可采用林下灌丛草地生态养鸡养殖模式（图4），同时搭设简易鸡棚和栖架，养殖场地主要是退耕还林的林地。选用幅宽2米的钢纱网，将林带四周围起来，在上、中、下部用3根铁丝与树木固定围网，网下部埋入土中10厘米深，可参考围网生态型肉鸡养殖模式（图2）。划一块固定的林地作为种草专用地，浇水种植黑麦草等牧草，集中育雏30天，在牧草长至50厘米高，外界温度稳定在20℃以上时，收割牧草并将其添加到放养鸡的饲料中。散养土鸡自由采食，一般以吃草、吃虫为主，投放小杂粮为辅。林间喂养3个月后，鸡体重达1.5千克左右即上市销售。

图4　林下灌丛和草地生态型肉鸡养殖模式（王伟　摄）

4.山地放牧生态型肉鸡养殖模式

山地放牧养鸡模式是利用房前屋后的山地进行放养，晨出暮归的方式，一般饲养150～200只鸡，适宜于农户小规模散养。山地选择远离住宅区、工矿区和主干道路，环境僻静、安宁的山地。最好是果园及灌木林、荆棘林、阔叶林等，其坡度不宜过大，最好是丘陵山地。土质以沙壤为佳，若是黏质土壤，在放养区应设立2～3个沙地。附近有小溪、池塘等清洁水源。要考虑到鸡群对农作物生长、收获的影响。在山地放养区找背风向阳的平地搭建简易棚舍，简易棚舍用无纺布、油毡、遮阳网、茅草等借势搭成坐北朝南的简易鸡舍，可直接搭成金字塔形，南边敞门，另三边着地，也可四周砌墙，其方法不拘一格，要求随鸡龄增长及所需面积的增加，可以灵活扩展，能挡风、不漏雨、不积水即可（图5）。

图5　山地放牧生态型肉鸡养殖模式（戴军　摄）

（二）养殖规模

养鸡业，家禽产品不同于工业品，不管行情好与坏都不能积压。特别是行情差的时候，饲养出的生态型肉鸡出栏时候卖不出去就意味着亏损，造成的财产与经济损失不言而喻。适度规模可以缓冲市场行情的冲击。中小型鸡场在经营中对市场终端的把握与行情认识，一方面依靠媒体提供信息，另一方面靠客户反映，或者凭经营者自身的经验判断。要防止出现行情好时扩大规模，行情差时缩减规模的被动局面，因此，在市场经济面前要做主动的经营者。

生态型肉鸡养殖究竟多大规模，养多少只鸡合适，这要从投资能力、饲料来源、房舍条件、技术力量、管理水平、产品量、市场价格等诸方面综合考虑确定。如果养殖户条件差一些，鸡场的规模可以适当小一些，可数百至数千只，待积累一定的资金，取得一定饲养和经营经验之后，再逐渐增加饲养数量。如果资金充裕，产品需求量大，饲料供应充足，而且养殖者具备了一定的饲养和经营经验，鸡场规模可以建得大一些，以便获得更多的盈利。但是，鸡场的规模一旦确定，不能盲目增加饲养数量，提高饲养密度，否则易造成鸡群生产性能低、死亡率高，造成经济损失。

（三）养殖方式选择

养殖方式主要有地面平养、网养（栅养）、笼养、放养等，各种饲养方式均有不同的优缺点。

地面平养就是把鸡饲养在厚垫料地面的一种平面饲养方式。其优点是平时不清除粪便，不更换垫料，省时省工；缺点是如果不加强舍内通风，降低湿度，容易聚集氨气和潮湿，容易诱发呼吸道病和眼病。

网养（栅养）鸡主要是将鸡饲养在离地面60～70厘米高的金属网上（或竹、木栅上）的一种平面饲养方式。其优点是鸡不与鸡粪接触，防止和减少了粪便传染疾病的机会，饲养密度比地面平养可增加50%～60%，适用于鸡的各个阶段；缺点是网上活动不自由。

笼养鸡就是用鸡笼来养鸡的一种方法。鸡被固定在鸡笼里，没有选择环境条件的可能，完全靠人工为其提供各种生存生产条件，需要非常高的饲养管理水平。

究竟采用哪种饲养方式，要根据经营方向、资金状况、技术水平和房舍条件等因素来确定，在目前生产中，可通过参考表6所示的各种养殖技术特点选择饲养方式，如果资金充裕，技术过硬，应修建育雏舍或者将现有的房舍改建成育雏舍，一般生态养殖采取平养或网养（栅养）（育雏阶段）＋放养（中大鸡阶段）结合方式，如果资金不足，技术不足，可以先跨过难度较大的育雏阶段，而直接购买中大鸡进行育肥和放养。

表6 不同养殖方式的技术特点

养殖方式		技术特点
平养	垫料选择	选择柔软、干燥、吸水性强的原料，如锯末、秸秆、稻壳，秸秆要切到长度10厘米左右，锯末要清除杂质
	垫料铺设方法	①舍内地面铺设一层生石灰（1千克/米²）。②铺设10～20厘米厚的垫料。③平时局部更换脏的垫料，保持垫料干燥
网养（栅养）	金属网	网的结构分网片和托架两部分。网片采用直径3毫米的冷拔钢丝焊成，并进行镀锌防腐处理。雏鸡用2厘米×2厘米棱形网格，成年鸡用2.5厘米×5厘米的长方形网格。网片下由与网片同等大小的托架支撑，安装高度距离地面60～70厘米
	塑料网	塑料网多采用六角形塑料网。网架搭方法与金属网相同
	木条栅栏	3～5厘米宽和1～2厘米厚的木版（竹片、竹竿）钉成栅栏，板条之间距离为2.5厘米。然后将每一块栅栏离地面60厘米架起即可
笼养		购置直立式二层鸡笼或者阶梯式三层鸡笼进行饲养

（四）鸡苗培育

生态养殖户在养殖过程中是自己开办孵化场自繁自养还是外购鸡苗，主要取决于哪种形式的经济效益高，自身的专业技术水平如何，以及市场需求、价格和生产成本等因素。

由于雏鸡和种蛋是养鸡业的主要生产资料，其品质优劣、饲养好坏，关系到千家万户的养鸡效益。如果饲养技术水平较高，饲养条件较好，有专业技术条件和充裕资金的养殖户可以建立专一化鸡场养种鸡，达到自繁自养；其中对祖代鸡场的要求更高，父母代鸡场次之。如果是一般农户，没有较强的专业技术，则可选择大公司提供的商品代鸡苗饲养。

1.自繁自养鸡苗

生态型肉鸡养殖主要提供生态型肉鸡产品。因此自繁自养主要通过引进商品代种蛋孵化肉鸡饲养或者养殖父母代种鸡生产种蛋，然后把种蛋孵化成肉鸡饲养，无论哪种方式都需要较高技术管理水平和大量基础设施投入。一般农户和中小规模饲养，没有较强专业技术和充裕的资金，不建议自繁自养。

2.外购鸡苗

一般农户和较小规模的生态养殖一般采取外购鸡苗的形式进行养殖，购买鸡苗的时候遵循以下原则。

（1）从信誉良好、管理严格、种群健康、无种蛋传递性疾病的种鸡场购买引进商品雏鸡苗，避免在多发疾病管理水平较差的小商品代种鸡场引进商品肉鸡鸡苗。如果不了解情况，可以向当地畜牧部门咨询。

（2）禁止盲目引种，引进鸡苗的特性要符合生态养殖的要求，并且需要在具有"种畜禽经营许可证"的种鸡场引进鸡苗。

（3）合格的雏鸡的挑选方法简单概括为"一看、二摸、三听"。一看：用肉眼观察雏鸡精神状态和外观。选择活泼好动，反应灵敏，眼睛明亮有神，绒毛长短适中，羽毛干净有光泽，体型大小适中，符合品种标准，腹部大小适中，脐部愈合良好，泄殖腔处不粘粪便，两脚站立较稳，腿、喙（鸡嘴）色浓，没有任何缺陷的雏鸡。二摸：用手触摸雏鸡来判断体质强弱。健雏握在手中腹部柔软有弹性，用力向外挣脱，脚及全身有温暖感。三听：听雏鸡的鸣叫声，健雏叫声清脆洪亮。

（4）做好运输保温防挤压措施。在运输之前，要与种鸡场联系好接雏事宜（接雏指将鸡苗接送至育雏舍）。冬季应在中午前后运输，注意做好保暖措施。夏季应在早晚运输，以免气温过高或过低，做好降温措施。装箱不要过多，防止挤压死亡。

（5）与鸡苗供应商签订鸡苗购销合同。合同内容涉及鸡苗保证：①提供符合品种的健雏，且注射过进口马立克氏病疫苗，保证无遗传性疾病。②购买单价。③鸡苗购进时间、鸡苗发出时间以及双方验收后有签名或按印章。④约定付款时间和方式。⑤一周内如鸡苗产生大批死亡，由供鸡苗到场验明事实情况，如果是鸡苗情况，由供苗方负责，协同买苗方向提供鸡苗厂家索赔。⑥销售鸡苗方能提供饲养管理、免疫、消毒防疫等技术支持。

四、鸡场建设

本部分介绍了生态型肉鸡养殖场建设的基本内容，并对投入、产出及经济效益进行了简要测算分析。

生态型肉鸡养殖不论规模大小，由于涉及人、鸡、财、物、养、销等多个环节，因此，也是一项不大不小的系统工程，需要投入的项目种类繁多，本文将列出一些常见的项目，具体到每个养殖户的情况时要随机应变。

（一）场地选择

生态型肉鸡养殖场的场地是购买、租用，还是承包，租期多长，采用哪种养殖模式，计划养殖规模多大，对未来是否扩大规模的考虑，对从事该事业时间长短的预期，等等，都会对场地的选择和投入产生重大影响。

当然，作为刚刚进入或准备进入该领域的人来说，也很难预测得那么长远，更加难以一步到位，因此，多方考虑和咨询专业人士，多参考周边已较为成功的可示范的案例，应该是较好的选择。

（二）基础设施建设

基础设施的建设同样会涉及预期与规划等问题，另外，就是根据场地的特点进行规划和建设，要因势利导，充分利用场地自身优势和已有条件，结合资金状况进行投入。可能需要投入的方面有路、水、电、热等，这些如果之前没有，则新建的代价往往较大。

关于房屋建设，一般较大规模、较为正规的养殖场，应根据功能分区，这样有利于隔离和卫生防疫，也有利于交通运输，一般分为生活区、生产区和隔离区等。小规模的养殖场其实也同样遵循这些原则，也需要进行合理的安排，并进行基本的设施建设。

1.生活区

生活区为人员生活和办公的区域，应建在养殖场的上风向和地势较高的地带（地势和风向不一致时，以风向为主）。主要由门卫传达室、办公室、会客室、车辆库、工具室、宿舍等组成，设在交通进出方便的地方，一般靠近养殖场大门。大门前要设车辆消毒池，对进出场区的车辆进行消毒处理。消毒池长度一般为进出车辆车轮2倍周长，宽度应超过车轮的宽度，常用2%的氢氧化钠溶液，也可用10%～20%的石灰水，每周更换2～3次。场内的车辆只能在生产区活动，不能进入生产区。另外养殖场大门口处应设消毒室（一般用紫外线灯辐照和消毒剂喷雾消毒），用于进入鸡场人员、设备和用具的消毒，条件较好的要设置淋浴室和鞋帽间，用于更换鞋帽、工作服及洗浴等。

2.生产区

生产区是鸡场的核心区域。按鸡场规模大小、饲养批次不同，可分成若干个小区，小区之间要相隔一定距离。生产区包括各种鸡舍和饲料加工及储存的屋舍，一般处于生活区的下风向和地势较低处。从防疫安全角度考虑，应该根据主风向和地势，按照孵化室、雏鸡舍与成年鸡舍的顺序安排鸡舍的布局。雏鸡舍位于比较安全的上风向处和地势较高处。雏鸡舍和成年鸡舍之间也应有一定的距离。饲料加工和储存的房舍应处在生产区上风向处和地势较高的地方，最好与鸡舍距离也较近，便于饲料的运输。

3.隔离区

养鸡过程中，难免有病鸡和死鸡，应设置专门的用于治疗病鸡，隔离和处理病鸡的区域，以及隔离病鸡、死鸡的尸坑，粪污的存放和处理的区域。隔离区应处于整个养殖场区的最下风向和地势最低的位置，与鸡舍和生活区保持300米以上的间距，与居民区、水源地等保持安全距离。

养殖场整体还要有相应的排污、排水沟，鸡粪及污水集中存放、处理的区域和设施。储粪区与鸡舍距离应大于30米，并在鸡舍的下风向。隔离区的污水和废弃物应该严格控制，防止尸体分解腐败，散发臭气，病原微生物污染空气、水源和土壤，造成疾病的传播与蔓延。

另外，要有净道和污道分流的意识，净道指鸡场内人员出入、运输饲料用的清洁的道路，污道指运输粪污、病死鸡的污物道，两者尽可能分离开，互不交叉。

4.防护设施

根据各生态养殖模式和各场区条件，鸡场四周可能要建较高的围墙或挖深的防疫沟，安装铁丝网、尼龙网或栅栏等，以防止场外人员或其他动物进入场区。必要时，还要饲养护场犬，保护鸡群和阻止外来人员进入。当然，如果条件允许，通过栽种葫芦、南瓜、扁豆等秧蔓植物，种植带刺的野酸枣树、洋槐枝条或花椒树，或者月季、玫瑰等带刺花卉，既可以美化环境又可起到阻挡外来人员、兽类的作用。

以上有些为规模化养殖场的建设需要，对于小规模养殖场，可根据资金、规模、实际情况进行调整和简化，但总体的理念和思路是同样适用的。

（三）鸡舍建造

鸡舍是整个鸡场的核心建筑，给鸡提供庇护、遮阳、挡风、避雨、防雷、抗热、保暖、抵御天敌、休息、吃料等最重要的场所，如何建设舒适、科学、高效、成本适中、符合自身养殖模式、符合动物福利和行为的鸡舍，是一门大学问。本文仅就一些鸡舍建设原则和思路理念进行简述，具体操作时还需要读者细化和完善。

1.鸡舍建造的基本原则

（1）位置适当。一般建在地势较高、较平整、地面干燥、易于排水的地方，这样雨天不易被淹，平时也容易保持干燥。如果鸡场自然条件不能满足，可在鸡舍四周挖排水沟，适当垫高地基。要选择安静的地方建造鸡舍，尽量避开公共道路和场内的交通要道，人员进出也不能过于频繁。夏季阳光猛烈、温度较高，靠近树林的地区，也可将鸡舍建在有高大乔木的树下，夏季可以遮阳降温。尽量选择靠近天然水源（或水井）的地方，便于取水。另外，要考虑到计划规模和未来规划规模，结合每栋鸡舍的长宽和间距，选择整块平整或较平缓的地块。

（2）阳光充足。自然阳光除了可以对鸡舍环境进行杀菌消毒外，还是鸡生长发育关键的环境因子，对放养的肉鸡影响更大。光的波长、光照时间、光照度和光照制度等，都会对肉鸡的生长发育、繁殖性能以及免疫机能产生一定的影响，科学的光照可以最大限度地发挥肉鸡的遗传潜力。因此，自然采光的鸡舍，一定要选择采光充足的方位。另外，光照一般为自然光照和人工光照相结合，鸡舍的朝向、窗户的大小和位置、人工光照的光照度等因素，都要结合考虑。

（3）保温隔热。肉鸡在各个生长阶段，都有最适合的环境温度范围，温度过高和过低都是不利的。温度过高，会导致热应激、采食量下降等问题；温度过低，会导致用于保温的代谢消耗增加，降低饲料转化率，另外，鸡也易生病或冻死。即使是放养或是部分放养的鸡，当热天、冷天和夜晚等外界温度不适时，都要回到鸡舍中，因此鸡舍必须有保温和隔热的功能，鸡舍建设时，要用保温性能好的材料，北方寒冷地区窗户可能还要加装玻璃、挡风帘等，甚至地暖。育雏舍由于雏鸡个体小，体温高，代谢旺盛，对环境适应能力和抵抗力差，更要做好保暖保护。

（4）通风换气。空气质量是关乎肉鸡生长发育、疾病控制的重要因素，鸡舍中一定要保证足够的通风换气。生态养殖鸡舍若主要靠自然风换气，则要考虑鸡舍的朝向与所在地四季自然风向的角度，门窗位置和大小，鸡舍高度，屋顶设计等。

鸡舍内的通风效果与气流的均匀性、通风量的大小有关，主要与进入舍内的风向角度大小有关，若风向角度为90°，进入舍内为"穿堂风"，舍内会有滞留区，其实并不利于排除污浊气体，在夏季时不利于通风降温；当风向角度为0°时，即风向与鸡舍的长轴平行，则风不易进入鸡舍，通风效果最差；只有风向角度为45°时，自然通风效果最好。也有研究者从光照角度认为，我国地处北纬20°～50°，太阳高度角

（太阳光线与地平线的夹角）冬季小、夏季大，为了让鸡舍冬季获得较多的太阳辐射热，夏季防止太阳过分照射，建议鸡舍采用东西走向，南偏东或西15°左右朝向较为合适。我国地域广阔，气候风向多变，各地不一，如在北方地区，冬春季风多为西北风，鸡舍以南向为好。而在比较现代化的规模鸡场中，采取封闭式人工通风的方式较多，方法一般为鸡舍两头设大的风扇，夏季高温时，还可能配合水帘用于降温。这种方式，在某些地区、模式和规模下，也可参考采纳。

鸡舍屋顶设计对自然条件下的通风换气影响较大，其形状较多，有单坡式、双坡式、三坡不对称式、拱式、平顶式、钟楼式和半钟楼式等。一般最常用的是双坡式，其跨度较大，适合较大规模鸡场。也可以根据当地的气候环境采用单坡式，单坡式一般跨度较小，适合小规模鸡场。南方干热地区较多，屋顶可加高以利于通风；北方寒冷地区则可适当降低鸡舍高度，以利于保温。

（5）卫生隔离。鸡场应建专门的隔离区，而在鸡舍内，也要有卫生和隔离的意识。无论何种类型的鸡舍，在设计建造时必须考虑便于日后的卫生管理和防疫消毒。鸡舍的入口处应设消毒池。鸡舍内地面一般要比舍外地面高出30～50厘米，鸡舍周围30米内不要有积水，以防舍内潮湿滋生病菌和蚊蝇。鸡舍内地面要铺垫5厘米厚的沙土或其他垫料，并且根据污染情况定期更换。有窗或低矮通风口的鸡舍要安装铁丝网，门晚上若不关闭，应设挡鼠板，以防止飞鸟、野兽等进入鸡舍，避免引起鸡群传染病和应激。

（6）合理利用空间。要提前考虑好养殖规模和饲养方式，根据养鸡设备，鸡笼、笼架尺寸等计算好鸡舍占地面积，确定饲养方式是散养还是多层笼养，还是散养和笼养相结合。只有规划好才能合理利用空间，使鸡舍布列均匀，鸡舍间距过大，浪费场地空间；间距过小，影响通风、光照、防疫隔离等。放养模式下，如果饲养规模大而鸡舍数量较少，或放养地面积大而鸡舍面积小，容易造成局部超载和过度放牧，造成植被破坏，容易导致传染病的暴发，因此，鸡场和鸡舍的面积比例要合理安排。通常地面平养情况下，雏鸡和中鸡饲养密度为 $0 \sim 3$ 周龄 $20 \sim 30$ 只/米^2，$4 \sim 9$ 周龄 $10 \sim 15$ 只/米^2，$10 \sim 20$ 周龄 $8 \sim 12$ 只/米^2。在规模一定的情况下，鸡舍面积直接决定了鸡的饲养密度，只有在合理的饲养密度下，才能满足动物福利，使鸡有足够的运动范围，利于其生长和健康。否则，会导致拥挤，空气质量下降，啄肛、啄羽，采食量、饮水量下降，生长性能下降，鸡群均匀度降低等现象发生。

（7）造价合理。有些地区和模式下需要建立造价较高的永久鸡舍，而有些地区和模式下只需造价低廉的简易鸡舍即可。这要视养殖模式、规模、规划而定。

2.鸡舍类型

鸡舍有不同的分类方式。若按饲养方式划分，可分为平养鸡舍和笼养鸡舍；按照鸡舍的功能或阶段划分，可分为育雏舍、育成舍和放养舍；若按鸡舍与外界的联系的形式划分，可分为开放式鸡舍和密闭式鸡舍；若按工程质量和使用寿命等划分，分为简易鸡舍和普通鸡舍。以下将从不同角度和分类方式对鸡舍类型进行简要介绍。

（1）平养鸡舍。平养鸡舍又分为三种：①地面平养鸡舍。直接在舍内地面铺上垫料进行养殖，这种方式优点是符合鸡刨土和沙浴打滚的天性，建筑投资少，中小型肉鸡较常用，但缺点是需铺设垫料，而且必须经常清理垫料、彻底消毒，如果鸡舍内饲养密度较大，鸡活动空间小，还容易使鸡舍尘土飞扬，环境恶化，容易引发鸡的呼吸道疾病，影响生长发育，甚至引起死亡。②网上平养鸡舍（图6）。在距离地面50～80厘米处搭设网栅，网可采用结实的塑料网，也可采用金属网、漏缝地板、竹片、木条等编排而成，料槽、水槽放在网上，网栅周围设置围栏，这种饲养方式由于不接触地面，可以减少因垫料导致的寄生虫病发生，也减少了地面平养中容易出现的扬尘等问题，粪便也便于清扫，成年鸡常用。但也要注意网眼大小、网的强度等，防止卡脚、压塌。③网上平养与地面平养结合鸡舍。该鸡舍分为地面和网上两部分，较网上平养鸡舍投资少，却既有网上平养优点，又克服了网上饲养受精率低的缺点，兼具地面平养和网上平养两者的大部分优点，其缺点是较完全地面平养密度低一些。

图6　网上平养鸡舍

　　不论采用哪种平养方式的鸡舍，优点都是对建筑要求不高，投资较少，而且均可采用本地区的民用建筑形式，甚至直接可以将废弃的民居或仓库等作为鸡舍。

　　（2）笼养鸡舍。笼养鸡舍也是目前肉鸡养殖中常见的形式。其优点是把鸡关在笼中饲养，限制了鸡的活动范围，饲养密度大，方便管理，饲料转化率较高，疫病控制较容易，劳动效率高。缺点是造价较高，饲养管理技术严格，容易发生猝死综合征，从而影响鸡的存活率，运动少导致骨骼较脆，淘汰鸡的外观较差，往往售价较低。

　　（3）育雏舍（图7）。育雏舍专门用于饲养从出壳到3～6周龄的雏鸡，如果直接购买脱温鸡苗（指不需要保温，可以在一般的自然环境中生长的鸡苗）就不用修建育雏舍，但如果购买1日龄鸡苗就需要修建育雏舍。雏鸡个体小，新陈代谢旺盛，体温高，需要为其提供适宜的育雏温度，否则容易受冷、受热或过度拥挤，引起大批死亡。因此，育雏舍对鸡舍条件要求较高，一定要保温良好，保证卫生、空气新鲜，地面干燥，光亮适度、工作方便。平面育雏的育雏舍，舍高以2～4米为宜，跨度6～9米；多层笼养育雏舍，可高一些，但也不易过高，以2.8米为宜，否则热空气对流积聚在鸡舍的上部，导致地面温度不够，既浪费燃料，又导致雏鸡发育不良。另外，墙体要光滑，屋顶要设天花板，便于冲洗和消毒，保温和防鼠；通风良好，有条件的鸡场最好能设置风机，风机以小流量为主、中流量为辅，避免贼风，目前较为先进的育雏舍采用有湿帘的正压过滤通风的热风火炉式采暖系统，既节省能源又减少疫病的发生。育雏舍面积一般可以每平方米30只雏鸡计算。育雏鸡舍与生长育肥鸡舍应保持一定的距离，以利于防疫。育雏期结束之后即可转入放养期鸡舍。

图7　育雏舍（汤金仪　摄）

育雏舍也可以利用农村家庭的空闲房舍，经过适当修理，使其符合养鸡要求，以节约鸡舍建筑投资，达到综合利用目的。一般旧的农舍较矮，窗户面积小，通风性能差，改建时应将窗户改大，或在北墙开窗，增加通风和采光量。舍内要保持干燥。旧的房屋地基大都低洼，湿度大，改建时要用石灰、泥土和煤渣打成三合土垫高舍内地面。

（4）育成舍。经过育雏阶段后，即转入育成舍进入生长育肥阶段。不同品种、区域、营养、饲养管理条件下，进入育肥阶段的周龄不同。育成舍的面积大约为育雏舍的3倍，这一比例根据饲养周期和出栏时间等因素决定。也有鸡场采用一段式饲养，即从育雏到育成都在同一鸡舍，但这样会影响单位面积的养殖效率，而两段式饲养（分为育雏和育成两阶段，并且安排在不同的鸡舍）则避免了上述问题，缺点是不易做到彻底的消毒，易于使病源原生物在场内循环传播，因此建议饲养管理和卫生防疫水平有保障的鸡场采用两段式饲养。关于育成舍的信息，后文会在介绍其他鸡舍分类时进行介绍。

（5）放养鸡舍。放养鸡舍主要用于生长鸡放养期夜间休息，遮阳、避雨、避暑，保温保暖，补充饲料和提供庇护。因此要求保温防暑性能好，通风换气好，便于排水、冲洗、消毒和防疫，鸡舍前有活动场地，有条件时可野外放牧。具体到各模式下时差异很大，有些情况如林下放养，鸡舍可因陋就简，就地取材。放养鸡舍可以是普通鸡舍，也可以是简易鸡舍、塑料大棚鸡舍和组装型鸡舍等。

放养鸡舍其中的一种设计为跨度4～5米，高2～2.5米，长10～15米；下面离地面60厘米左右设垫网，或者直接在放养舍里设置几个木桩，木桩要结实，木桩上搭几根横杠作为鸡的栖架，每只鸡所占栖架的长度不小于17厘米。这样的一个棚舍能容纳300～500只放养鸡。放养鸡舍要特别注意通风换气，否则舍内空气污浊，会导致生长鸡增重减缓、饲养期延长或导致疾病暴发。

（6）开放式鸡舍（图8）。包括侧壁敞开式和有窗式两种，是目前国内比较普遍采用的一种鸡舍形式。我国南部较温暖地区，或是选取温暖季节养殖的地区，可以采用开放式鸡舍。这种鸡舍可以只设简易的顶棚，四面无墙或设矮墙，冬季用塑料薄膜或其他保温材料进行保暖；或部分方向设墙，如两侧有墙，南面无墙，北墙上开窗。其最大优点是造价低，炎热季

图8　开放式鸡舍（乔仲林　摄）

节通风好，自然光照好，可节省大量用于通风和照明的费用。缺点是鸡群所处环境受外界影响较大，不可控因素多，生产性能有时不稳定，疾病传播机会多。

（7）密闭式鸡舍。又称无窗鸡舍，由于与外界相对封闭，从隔温和遮光功能及调节和控制舍内环境的角度讲，比开放式鸡舍有更大的优越性。采用密闭式鸡舍的原因是其保温隔热性能良好，冬季可有效保持舍内温度，夏季较高效地抵挡舍外高温。因此，一般是用隔热性能好的材料构建，不设窗户或仅有小窗，只设带拐弯的进气孔和排气孔，通风控温主要靠各种设备控制。这种鸡舍的优点是舍内小环境可控性强，减少了外界环境对鸡舍内部鸡群的影响，有利于采取先进的饲养管理技术和防疫措施。缺点是造价高，基础设施投资大，对建筑标准和附属设备要求较高，要性能良好而且稳定；另外，电力耗费较多，因此，需要有稳定而可靠的电力供应，常停电的地方，要考虑配备发电设备，生产成本相对较高。

（8）半开放式鸡舍。这种鸡舍墙壁较开放式多，设有窗户，大部分或全部靠自然通风、采光，舍内温度随季节而变化，冬季或晚上需将开放处封闭，以保持鸡舍温度，夏季或白天可开放，用于采暖和采光。其优点与开放式类似，鸡舍造价较低，投资较少，用于照明的耗电量少，鸡比较健康强壮。缺点是占地面积较大，饲养密度较密闭式低，防疫较困难，人工操作成本较高，外界环境因素对鸡群影响较大，生产性能随季节波动大。

（9）塑料大棚鸡舍（图9）。外形上类似于蔬菜大棚，鸡舍通常坐北向南，跨度一般为8～10米，东、北、西三面有高约15米的砖墙围护，墙壁较厚，墙上安装较多的窗户。可就地取材，采用半砖木结构、木质或竹结构、土坯或石头等搭建框架或砌墙，可用由竹条、木板或钢筋做成的弧形拱架，外覆塑料薄膜。这种鸡舍由于塑料薄膜透明或半透明，当顶棚不覆盖其他材料时，可充分利用阳光光照和取暖，并在气温低时形成"温室效应"，提高舍温、降低供暖能耗，特别寒冷的冬季夜间或阴雪天气，可适当提供一些热源。但在夏季时，则容易过热，需要在棚顶覆盖厚度在1.5厘米以上的麦秸草或草帘，中午最热时，还可以往棚顶喷水，可降低温度3～5℃。也有将棚顶另外覆盖其他材料，由内而外依次为尼龙布、稻草（3～4厘米）、石棉瓦（或油毡），这种顶棚隔热性更

图9　塑料大棚鸡舍

好，但采光较差。另外，需要注意，塑料大棚的跨度与当地气候有密切关系，跨度根据自身情况，3～5米或8～10米不等，较寒冷和雨雪多的地区跨度可以加大，以增加棚内热容量；大棚长度除与饲养量有关外，还与跨度有关，跨度和长度的比例还会影响大棚的坚固性。

塑料大棚养肉鸡的优缺点：①优点。与建造固定鸡舍相比，成本低，投资少，资金的周转回收快，不破坏耕地，节省能源，设备简单，建造容易，拆装方便，适合小规模冬闲田、果园养鸡或轮牧饲养法养鸡。②缺点。保温隔热的能力较差，管理维护麻烦、不防火等。另外，若养殖密度过高，容易导致鸡生长缓慢，要注意每个大棚内的饲养密度和各个大棚间的距离；卫生防疫差，发病率高，大棚养鸡在地面养，采食、饮水、休息、排泄全在棚内，易使棚内潮湿，也易导致氨气浓度偏高，容易滋生病菌导致鸡患病，也导致鸡的卖相和肉品质差，卖不上价；大棚养殖冬季若用煤炉对整个鸡棚加热，安全性差，容易导致煤气中毒。

（10）移动型鸡舍。移动型鸡舍适合用于分区放养和划区轮牧的棉田、果园、草场等场地，有利于充分利用自然资源和饲养管理（图10）。其整体结构不宜太大，相对轻巧且结构牢固，2～4人即可推拉、搬移，或者便于车辆牵拉。主要支架材料可采用木料、钢管、角铁或钢筋，周围和隔层用铁丝网包裹，夜间或寒冷时可用塑料布、塑编布或篷布搭盖，并留有透气孔，鸡舍内设栖架。底架下面可安装直径50～80厘米的车轮，车轮数量和位置应根据移动型棚舍的长宽合理设置。有的移动型鸡舍设计简易，造价很低，便于拆卸安装和运输，也相当于组装式鸡舍，可以用于临时场地和应急时使用，有效降低了放养鸡养殖建筑成本。

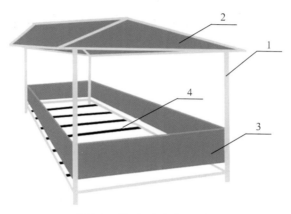

图10　移动型鸡舍设计

1.主体支架，可拆卸式钢架结构，采用钢质结构方管，通过贴片螺丝连接　2.挡雨遮阳板，钢质彩涂板　3.挡风板，钢质彩涂板，设置高度为50～80厘米　4.栖息架，多条方形钢管构成，供鸡休息所用

（11）简易鸡舍（图11）。在设计鸡舍时，一方面要反对追求形式、华而不实的铺张浪费现象，另一方面也要反对片面强调因陋就简的错误认识。因为将鸡舍建造得过于简陋，起不到足够的保温和隔热的作用，将会直接影响鸡的生产性能，造成无形的浪费。

图11　简易鸡舍

简易鸡舍的搭建方法不拘一格，也能反映出人们的智慧和创造力。总体原则就是棚舍能保温、挡风、避雨，保证鸡群晚间休息良好、雨后不积水，防止天敌侵入即可。这种简易鸡舍投资少，易建造，便于拆除，适合小规模养鸡或轮牧饲养法等。这里仅举一例，用木桩、竹竿或钢管做支撑，搭成2米高的"人"字形屋架，四周用饲料袋或塑料布包围并留有通风口，屋顶可铺油毛毡、篷布或石棉瓦，地面铺上干草或让鸡直接接触地面，鸡舍四面挖出排水沟。

（四）养殖设备和用具

1.控温设备

（1）供暖。用于育雏舍及寒冷季节的加热保温，尤以育雏期最常使用，电热育雏伞（图

12)、煤炉（图13）、火炕、火墙、红外线灯泡（图14）、烟道、电热器等均可选用，其中煤炉是最经济、最实用的设备。电热育雏伞又称保温伞，有折叠式和非折叠式两种，伞内侧安装有加温和控温装置（电热丝、电热管、温度控制器等），雏鸡可在伞下活动、采食和饮水。电热育雏伞、煤炉、红外线灯泡是育雏舍经常使用的三种保温设备。

图12　电热育雏伞

图13　煤炉

图14　红外线灯泡

要注意考虑当地的热源（煤、电、煤气、石油等）供热成本和安全性，火炉加热较易发生煤气中毒，必须加装烟囱将煤气引至室外。

（2）降温。当夏季温度过高时，可以利用湿帘（图15）和风机（图16）来通风降温。除通风外，湿帘还可以调节湿度。也可采用低压喷雾系统和高压喷雾系统等，来降低鸡舍内温度。

图15　湿帘　　　　　图16　风机

2.通风设备

通风设备一般多在生态型肉鸡养殖育雏舍中使用，因为雏鸡对温度和湿度的要求较高，所以育雏舍的密封性较好，但是也会导致鸡舍内部有害气体浓度过高，因此需要额外安装通风设备，及时排出有害气体。另外，夏季鸡舍炎热，饲养密度较大或有害气体浓度高时，都要加强通风。鸡舍常使用轴流式风机。小型轴流式风机特点是功耗低、散热快、噪声小、节能环保等，由于体积小用途比较广泛；大型轴流式风机具有结构简单、稳固可靠、噪声小、风量大、功能选择范围广等特点。除了轴流式风机，也可以使用吊扇来通风换气。风机应集中设在鸡舍污道一端的山墙上或山墙附近的两侧墙上，进气口设在风机相对一端山墙或山墙附近的两侧墙上。

3.供水设备

鸡的饮水量一般是采食量的 2 ~ 3 倍，炎热季节饮水量更高。目前，广泛使用的饮水设备主要有水槽、真空饮水器、钟形饮水器以及乳头式饮水器等。饮水设备的选择除了考虑其用途、价格和各自优缺点外，还应考虑鸡的日龄阶段，如小雏鸡宜用塔式真空饮水器，而大鸡可用水盆或水槽等。

（1）水槽。V 形水槽优点是设计简单，成本低，便于饮水免疫，可用镀锌铁皮、水泥、竹竿等简易材料制成。缺点是采用常流水（流动的水源）供水，水容易污染，饮水时鸡将水甩出，容易将垫料弄湿，而且要经常刷洗水槽，工作量和养鸡人员劳动强度大；另外对安装要求高，要保证整列鸡笼几十米长度内水槽、刻度误差小于 5 毫米，因此容易漏水。规模化养殖场已经很少采用此方式。

（2）真空饮水器。其优点是结构简单、故障少。缺点是水用完后，需要人工加水，劳动强度大，水易受到污染，鸡饮水时水溅洒和溢出从而污染环境，清洗工作量大，饮水量大时无法使用。其主要用于雏鸡阶段的平养和笼养、肉鸡的放养阶段（图 17）。

图17 真空饮水器

（3）钟形饮水器。又称吊塔式或普拉松饮水器，特点是采用吊挂方式，自动控制进水，较为节水、卫生，不妨碍鸡的活动，应用范围广，工作可靠，不需人工加水，主要用于肉鸡平养见图18。

图18 钟形饮水器

（4）乳头式饮水器。由阀芯和触杆组成，阀芯直接与水管相连，根据毛细管原理，触杆的端部经常保持悬着一滴水，鸡要饮水时触动触杆，水就自动流出，不触动触杆时水路封闭，水即停止外流。乳头式饮水器可以保持饮水洁净，还可防止细菌污染。

其优点是能够有效封闭水源，阻断了因饮水造成的疾病传播，最不易受到污染，利于防疫；用水节约；不需经常清洗和更换。缺点是对水质和管理水平要求高，对水器材料和制造精度要求也较高。现在乳头式饮水设备已普遍被养殖场所接受，适用于笼养、平养的各类型鸡舍，不仅适用于成年鸡，也适用于雏鸡，乳头式饮水设备中主要部件乳头式饮水器见图19。

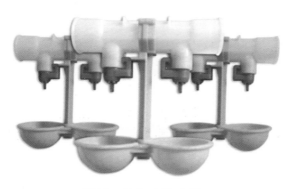

图19　乳头式饮水器

4.喂料设备

喂料设备主要有自动喂料设备（料线）、料桶、料盘和料槽（图20～23）。自动化喂料采用加料机及链条式喂料机，平养鸡可使用这种喂料方式，也可用饲料吊桶喂料。注意料槽的大小要根据鸡体的大小来设置。而料槽的设计形状对饲料的利用效率有影响，料槽过浅、没有护沿等会造成饲料浪费，但雏鸡喂料常用饲料浅盘，面积大小根据雏鸡数量而定，一般每个料盘供60～80只雏鸡使用。料槽一边较高、斜坡较大时，能防止鸡采食时将饲料抛洒出槽外。

图20　料线

图21　料桶

图22　料盘

图23　料槽

喂料设备（料槽）要求便于鸡采食，但又不能让鸡进入踩踏，并能防止鸡往料槽里排粪。

一般料槽或料桶用铁皮或木板制作，也可用塑料制作。目前2周龄以后的小鸡或大鸡多使用塑料吊桶，这种饲料桶适用地面垫料平养或网上平养，其结构是一个塑料圆筒和一个中间有向上的锥状突起，而周边为向上向里弯的圆盘，筒和盘用三根绳系在一起，圆筒内装入饲料后，饲料从筒底流出到盘内供鸡采食。料桶用铁丝或尼龙绳吊挂向上，应随着鸡体的生长而提高料桶悬挂的高度，一般使料桶上缘的高度与鸡站立时的肩高相平即可。目前市场上销售的吊桶式圆形食槽有4～10千克的不同规格。

5.清粪设备

一般鸡场采用人工定期清粪，规模较大的鸡场可采用机械清粪。一般饲养肉鸡时需用垫料，垫料以碎的木刨花为最好，其次是麦秸和稻壳，垫料厚度5～10厘米；要求干燥、新鲜、不发霉。加入垫料后若不及时清理容易使舍内空气湿度增高并加重球虫病，因此要及时清理垫料。

6.笼具和栖架

生态型肉鸡养殖在育雏期可以使用育雏笼（图24）进行笼养，而到后期放养阶段仅需栖架，无需笼具。

常见的是四层重叠育雏笼和阶梯式育雏笼，使用育雏笼可提高单位面积的育雏数量，鸡笼上部温度较高，可较好地利用鸡舍热能，有利于雏鸡的生长发育。

图24 育雏笼

鸡舍内的栖架（图25、图26）根据鸡居高而栖的习性设计，以利于鸡正常的休息，鸡在栖架上栖息，可使呼吸畅通，避免因地面潮湿或天气寒冷而患呼吸道疾病。另外，栖架还具有成本低、占地面积小、便于清粪等优点。栖架由竹子或者木棍搭建而成，由于每只鸡占有栖木长度因品种不同稍有差异，因此栖木长度应视鸡舍内鸡数和品种等而定，一般长约2米。整个栖架为阶梯状，前低后高，最低的一根木棍距地面0.3～0.4米，最靠墙栖木距墙为30厘米，每根栖木之间的距离应不少于30厘米，如果离得太近，直上直下，高处的鸡排出的鸡粪就会落在低处的鸡身上。栖木横断面直径为2.5～4厘米，上表面应制成半圆形，以使鸡脚趾可以舒服地抓住栖木。栖架应定期洗涤和消毒，防止形成"粪钉"，影响鸡栖息。

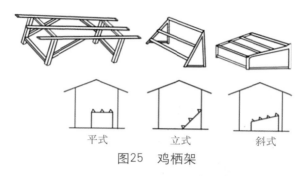

平式　　　　立式　　　　斜式

图25　鸡栖架

图26　鸡栖架

7.光照设备

光照在鸡的饲养管理中起着很重要的作用。在昼短夜长的季节，白天的自然光照达不到要求的标准光照时数，此时就要补充人工光照。人工光照常用的照明设备主要由照明灯和光照控制器组成，其中照明灯有以下几种。

（1）白炽灯。它造型简单，寿命较短，但是电耗较高，生产中使用最多的为15～60瓦的白炽灯，但随着制灯技术的不断进步，白炽灯如今正在被逐步淘汰。

（2）荧光灯。它是鸡舍必备的照明设备，也称为日光灯，它由镇流器、辉光启动器和荧光灯管等部分组成，开灯后，辉光启动器短时闪烁，

图27　荧光灯

促使镇流器激发荧光灯管内充气体放电，致使管壁荧光粉发出可见光。这种灯具发光效率高、省电、寿命长、光色好，但价格较贵（图27）。

（3）紫外线灯。与荧光灯的接线方式及构成完全一样，所不同的是灯管内壁不涂荧光粉，并用对紫外线阻挡性较小的石

图28　紫外线灯

英玻璃制成，灯管通电后发出紫外线，用于空气消毒、杀菌和饮水消毒（图28）。有研究报道，紫外线照射可促使胡萝卜素转化为维生素A和维生素D，能增强鸡的采食能力。

（4）节能灯（图29）。与普通白炽灯相比可节省

图29　节能灯

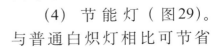

75%的电费，而寿命更长、更为节能的LED（发光二极管）灯正逐渐推广应用，早些年的成本较高，一次性投资较大，但如今成本已下降不少，综合来看，是很好的选择。

光照控制器用来自动开启和关闭棚舍内的照明灯，利用定时器的多个时间段编程功能，实现鸡舍内光照时间的精确控制，并减少人工。

需要了解和注意的是灯头应采用防水灯头，以便于冲洗。灯光的类型、波长范围、光照度、时间点、周期长度与自然光的互相补充，都和肉鸡的生产相关，而且关系非常复杂，有兴趣可以查阅专门的研究报道。但也有比较成熟的用光程序和经验，在选用光照设备时参照即可。

8.诱虫设备

与其他肉鸡养殖方式不同的一点是，诱虫是生态型肉鸡养殖的重要内容。因为果园、林地等昆虫较多，利用昆虫趋光性原理，通过灯光引诱昆虫至灯下，被鸡捕食，从而为鸡提供部分昆虫蛋白质，节约了饲料。另外，通过诱虫将害虫杀死，还可以减少果园等地虫害发生和减少喷施农药次数。

目前诱虫设备主要有黑光灯和高压电弧灭虫灯。黑光灯诱虫是生产中最常见的。使用黑光灯，不但可增加鸡的采光时间，有利于鸡的生长发育，而且降低了养鸡成本，提高鸡肉品质。市场上销售的黑光灯灯管有交流灯管和直流灯管两种。其中交流黑光灯灯管的电压为220伏，亮度高，诱虫效果好，但需要交流电供电，偏远、没有通电的区域还需拉电线供电；直流黑光灯灯管用6～12伏的蓄电池或干电池，亮度较低，诱虫效果差，但应用灵活、方便，也较为安全。一般挂灯高度以高出果树、林木、农作物等1～3米为宜。高压电弧灭虫灯通过高压电弧灯发出的强光，引诱昆虫集中于灯下。高压电弧灯一般为500瓦，光线极强，可将周围2 000米的昆虫吸引过来。

9.消毒免疫设备

养鸡用的防疫消毒设备主要有普通冲洗水管、高压清洗机、喷雾消毒机、消毒喷枪、液化气火焰消毒器、消毒灯和臭氧电子消毒器、连续注射器、滴瓶等。

（1）普通冲洗水管和高压清洗机。接上供水源后的普通冲洗管以及高压清洗机的用途主要是冲洗养鸡场场地、鸡舍建筑、设备、车辆等（图30、图31）。

图30 普通冲洗水管　　　图31 高压清洗机

（2）消毒喷枪和喷雾消毒机。用于鸡场各种场合和设备的消毒。消毒喷枪主要用于小规模生态养殖，喷雾消毒机主要用于较大规模养殖（图32、图33）。夏季天气炎热，鸡舍喷雾消毒不仅可以杀灭细菌，还可以起到降温、清洁空气的作用，达到预防疾病的目的。

图32　消毒喷枪　　　　　图33　喷雾消毒机

（3）液化气火焰消毒器。液化气火焰消毒器不仅能杀灭各种细菌和病毒，还能杀灭寄生虫及虫卵，是一种无残留、无污染物的消毒设备，一般在鸡舍空舍期间使用（图34）。

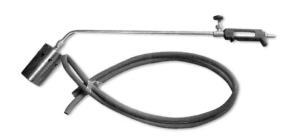

图34　液化气火焰消毒器

（4）免疫刺针、滴瓶和连续注射器。免疫刺针（图35）、滴瓶（图36）和连续注射器（图37）主要用来给鸡进行疫苗免疫，其中连续注射器能不间断、定量地给鸡注射疫苗。

图35　免疫刺针

图36　滴瓶

图37　连续注射器

10.运鸡设备

饲养需要接雏鸡进入鸡舍、雏鸡脱温进入放养以及放养结束出栏都需要抓鸡、运鸡。塑料鸡笼（图38）主要于转群或销售鸡时用，雏鸡纸盒（图39）主要用于接雏。

图38　塑料鸡笼

图39　雏鸡纸盒

11.其他设备和用品

如存放疫苗的冰箱，断喙设备如电动断喙器、电烙铁等，称重设备如弹簧秤、杆秤、电子秤等，交通工具如机动车、运料车、清粪车等。另外，还要准备一定数量的燃料、抗生素、常用药品、消毒药和疫苗等。

（五）鸡场投入测算

生态型肉鸡养殖的投入是很难精确计算的，也没有统一的模板，需要根据自身和当地独特的情况而定。但大致可分为若干个部分，从而构成整个生产成本。表7为鸡场生产成本构成和组成比例。

表7　鸡场生产成本构成

单位：%

鸡苗费	饲料费	工人工资和福利费	燃料、动力、水电费	防疫药品费	固定资产折旧费	资产占用利息	其他费用
10	65	11	2	3	3	3	3

1.鸡苗费

鸡苗费成本指购买种鸡苗或商品鸡苗的费用，按品种和质量，价格差异较大，一般为1.9～5.0元（注意此处仅为说明价格的差异较大，随着时间推移和通货膨胀等因素，此价格会渐渐失去参考价值）。

2.饲料费

饲料费指饲养过程中消耗的饲料费用，与饲料相关的其他费用如运杂费也应列入饲料费中。这是鸡场成本核算中最主要的成本费用，占总成本的60%～70%。

3.工人工资和福利费

指直接从事养鸡生产的饲养员、管理人员的工资、奖金和福利等费用。实际计算时，可按如下公式：年工人工资＝工人总人数×工人月工资×年内实际生产月数。另外，养殖者经常会忽略自己及亲属的工资，实际上也应该计算入内。

4.燃料、动力、水电费

指用于养鸡生产过程中所消耗的燃料费、动力费、水费与电费等。

5.防疫药品费

防疫药品费指用于鸡群预防和治疗等消耗的疫苗费和药品费。这里有相对固定的疫苗支出，也有偶然性较强的应急性药品支出。

6.固定资产折旧费

固定资产折旧费指鸡舍等固定资产基本折旧费。建筑物使用年限较长，折旧期15年左右，专用机械设备使用年限较短，折旧期7～10年，而作为较为简易、使用年限较短的鸡舍等投入，使用期和折旧期应更短。固定资产折旧分为两种：一种是固定资产的更新而增加的折旧，称为基本折旧；另一种是为大修理而提取的折旧费，称为大修理折旧。计算方法如下：

每年基本折旧费＝（固定资产原值－残值＋清理费用）÷使用年限

每年大修理折旧费＝（使用年限内大修理次数×每次大修理费用）÷使用年限

7.资产占用利息

前期的投入如果存入银行或投资其他理财产品，每年会有较为安全和固定的收益，因此，前期的资金投入即使没有赔本，但如果在没有盈利或盈利较少的情况下，实际相当于资产在萎缩，即效益较低甚至是负增长，意味着辛苦劳动可能还不如拿资金去投资理财（目前较为稳定的理财产品年收益率在4%～6%）。但也要理性分析，短期的投资收益并不能代表未来，要具备长远的投资眼光。

8.其他费用

其他费用没有直接列入上述各项费用内，如垫料费、易耗品等。而在实际操作中，成本投入还不止以上所述，至少还应包括：

（1）租地费。不管是租用的还是自己的土地都应该将其折算成成本。

（2）建筑成本。如果鸡场是租用的，则按年租赁费加维修费计算成本；如果是自己建设的鸡场，则可按建筑费的贷款利息加上建筑费的20%计算（简易建筑使用寿命按5年计，质量较高的鸡舍建筑使用年限可更长，则年折旧率应低些）。

（3）垫料费。据统计，每生产1 000只肉仔鸡需15 ~ 20米^{3}的垫料。若是放养，则无需垫料，但在育雏或舍内饲养期间，也是需要垫料的。

（六）鸡场产出测算

1.生态型肉鸡养殖显性收入

肉鸡生态养殖生产显性收入主要有两方面：一是销售肉鸡收入，二是鸡粪或废垫料销售收入。

2.生态型肉鸡养殖隐性收入

除了上述的显性收入，其实肉鸡生态养殖还可能产生隐性收入，比如在果园、稻田、棉田等由于鸡捕食害虫和采食杂草，可减少农药、除草剂使用量和人工费用；放养鸡产生的肥料，可减少化肥施用和费用等，有研究称鸡粪是一种优质有机肥，1吨鸡粪相当于硫酸铵55 ~ 82千克、过磷酸钙88 ~ 96千克、硫酸钾12 ~ 17千克。因此，果园、林地、山场、稻田等生态型肉鸡养殖可以获得超出养殖效益之外的经济效益。并且可能有因生态养殖模式而产生的附加效益和组合效益，比如在销售生态型肉鸡的同时，可能搭配销售生态种养模式下的蔬菜和水果，并通过提高品质而实现优质优价。

但需要有清醒的认识，生态型肉鸡养殖如果管理不得当，没有顺应生态规律，也可能会导致隐性的经济损失。

3.生态型肉鸡养殖的效率

生态型肉鸡养殖的效率，与普通工厂化、规模化、集约化的肉鸡养殖相比，从不同角度讲，有高有低。如果单纯从饲料转化效率、生长速度、资金周转速度角度而言，无疑后者的效率更高（图40），但如果从利用低成本甚至无成本的自然资源角度，前者可能更高。如果从人均养殖量角度，无疑后者有优势，但如果从脱贫致富、利用农村闲置劳动力角度，前者有很大优势。

需要引起注意的是，目前我国黄鸡（地方品种）的育种工作在不断取得进展，育成了快、中、慢速黄鸡品系，其中快速型肉鸡的生长速度、饲料转化率已有较大改善，而鸡的外观、肉品质和风味也有一定保持，有理由相信未来一定能在生产效率和风味保持之间达到较好的平衡。

另外，生态型肉鸡养殖的品种也不应局限为传统概念的地方品种，生产效率高的肉鸡品种，通过生态养殖的模式，也可以做到生产效率和产品品质的平衡，当然，这需要社会观念和消费观念的转变。

图40　白羽肉鸡和黄羽肉鸡出栏时间和饲料消耗对比

（七）鸡场效益测算

1.生态型肉鸡养殖经济效益的估算方法

盈利是鸡场经营好坏的一项重要经济指标，也是养殖者最关心的问题，只有获得利润才能生存和发展。经济效益估算的最终目的是盈利核算，盈利核算是从产品收入中扣除成本之后的剩余部分。盈利核算可通过利润额和利润率两个指标进行衡量。

利润额是指鸡场利润的绝对数量。其计算公式如下：

利润额＝销售收入－生产成本－销售费用－税金

因各饲养场规模不同，所以不能只看利润额绝对数的大小，而要对利润率进行比较，从而评价养鸡场的经济效益。

利润率是将利润与资金、产值、成本对比，从不同的角度说明利润的相对高低。其计算公式如下：

资金利润率 =（年利润总额÷年平均占用资金总额）×100

产值利润率 =（年利润总额÷年产值总额）×100

成本利润率 =（年利润总额÷年成本总额）×100

应注意，以上的计算方法是按鸡场已经开始正常运行的情况计算的，没有计入前期投入。另外，养殖户一般不计入生产人员的工资、资金和折旧，实际上这不是完全的成本、盈利核算。具体饲养商品肉鸡的经济效益案例分析，可参考《黄鸡饲养关键技术》（李慧芳、章双杰主编，中国农业出版社2014出版）。

2.生态型肉鸡养殖经济效益案例

报道一——2017年国家肉鸡产业体系总结。每只商品代白羽肉鸡和黄羽肉鸡的年平均利润分别为0.10元和2.42元，由于生态型肉鸡养殖大多为黄羽肉鸡品种，据此可以推测生态型肉鸡养殖的效益较一般白羽肉鸡高。

报道二——林地养鸡。据广州地区调查，家养鸡每千克体重25～30元，半放养（林地放养）鸡每千克体重12～15元，全饲料鸡每千克体重8～10元，价格差异显著。林下养鸡可减少10%饲料，降低

10%～20%成本，鸡因跑动肉质提高，市场售价比圈养鸡高10%～20%。

报道三——稻田养鸡。以改善田间生态环境，提高水稻抗病能力，培肥地力为初衷；以增加水稻产量，提高经济收入为目标。水稻垄系栽培及其养鸡的综合附加值每公顷超过3 000元。按当时散养鸡市场平均价每500克5元计，除去成本，平均每只鸡田间毛利润可达8元，扣除材料费500元（护网200元，鸡雏300元），实际上300只鸡在1公顷稻田生长期内可增长纯利润1 900元。值得一提的是，小鸡在田间除虫准确、及时，效果远高于药剂灭虫，不但节省农药费用，而且环保功能显著，鸡粪肥田的后续效应也十分明显。

报道四——果园大棚养鸡。可以提高劳动生产率，降低饲养成本。以51亩果园为例，原饲养2 500只土鸡5个月上市需劳动用工成本2 500元，果园放养仅需830多元，每只鸡可降低成本约0.67元。果园放养土鸡外表美观、体型不大、皮薄肉嫩，售价比普通鸡每500克高4元，每只鸡可增收4～6元。果园放养既可除草，又可为果树提供优质肥源，改良土壤。

报道五——草场放牧养肉鸡。以饲养1 000只为例，鸡苗成本为2 000元，饲料成本为5 210元（全价料850元，杂粮4 360元），兽药疫苗成本为158元，其他568元，合计费用7 936元；收入为10元/千克×908只×1.8千克/只＝16 344元，每只平均纯收入为

9.26元/只（纯利总额为8 408元）。

请注意：以上报道为不同时期的价格及利润额，不具有同时比较的参考意义。

以上所列举的生态型肉鸡养殖经济效益案例是从书面上得到的一些例证，但"纸上得来终觉浅，绝知此事要躬行"。在开始生态型肉鸡养殖事业之前，对未来的经济效益是很难准确计算的。比较靠谱的方式是向身边有经验的人虚心请教，到当地市场进行详细调查研究，才能对"合不合算""能不能挣到钱"有一个比较准确和深刻的认识。

五、鸡场运营

本部分主要介绍了运行一个生态型肉鸡养殖场所需要的流程、运营方案及危机处理。

（一）鸡场运营流程

1.市场调研和咨询

市场调研包括了解当地和区域乃至全国的市场需求、发展前景及经济效益的预测等几方面的内容。要有目的、有计划地对肉鸡市场需求情况进行调查和分析，包括目前不同养殖模式和不同品种肉鸡的售价如何、市场需求量怎样、销售渠道如何、市场竞争情况、价格波动情况等。同时，要对各品种鸡的生长效率和时间周期、抗病能力、耗料情况等进行详细了解，从而为生产决策和制订生产计划提供依据，以期未来获得最佳经济效益。

要努力寻找当地或附近的养殖能手、肉鸡饲养合作社、公司＋农户模式的经营公司等，虚心咨询取经，建立联系，寻求合作，并通过他们了解到未来养殖过程中所需的各种信息和资源。

2.量体裁衣，规划设计

根据调研结果，综合考虑自己的硬件、设备、资金、技术条件、人力等要素进行规划设计，重点要考虑几点：养殖品种，养殖规模，养殖模式，场地选址和建设，资金来源和预计流动情况，成本和利润的预期核算，人员匹配，生产规划（进雏、育雏和育肥）和与之相匹配的饲料供应和销售计划等。关于上面提到的内容，大多可在本书的其他部分找到。

3.制订执行进度计划

可采用列表方式，将需要执行的各个事务及时间点列在表上，每个大项还可以细分为若干小项，这样便于查看进度，统筹安排。

4.按计划执行和随机应变

一旦决定开始，就要坚决贯彻执行，但计划往往会发生变化，要灵活处理。

5.进入养殖环节

在生产资料准备妥当后，即可进入养殖环节，包括进雏、育雏、育肥等，并根据本场的人力、物力、财力和市场等情况灵活掌握。

对鸡场经营者来说，每年都需要提前做好进雏计划，以充分利用自己的生产设施，并获取最大的经济效益。进雏的依据是：考虑每批鸡的生产周期，本鸡场的生产能力和销售能力，并使肉鸡在售价相对较高的时节上市，并以这些情况，决定一年进几批雏，每次进雏的数量是多少。

一旦进雏，则随即逐步进入育雏和育肥阶段，多数种鸡场选择每年的2—3月和9—11月育雏，育肥期则根据鸡生长速度和市场行情等进行调节。

6.销售

肉鸡养殖到适合销售的时期进入市场。一旦开始运转，则可能启动循环模式，最好是定期有稳定的鸡供应，另外，在节假日等销量大和价格高的时节，可适时地调整销售策略。

（二）鸡场运营方案

以上仅大致列举了经营一个生态型养鸡场的步骤，实际上，如何进行操作是没有现成和统一的模板的，下面介绍执行方案的一些关键环节，供读者参考。

1.充分调研，知己知彼

养鸡业是微利行业，没有做充分调查研究就贸然地进入一个陌生的领域，是非常危险的。养殖创业成功者大有人在，但失败者甚至破产者，也比比皆是。本书所针对的生态型肉鸡养殖业，有其特色和卖点，做得好可以挣到钱，但前提必须建立在有适合生态型肉鸡养殖模式的自身资源优势，能屏蔽或降低很多风险，并且掌握了一定的饲养技术和经营管理技巧等的基础之上。因此，作为事业启动的第一步，一定要重视调研，做到心中有数。

2.以我为主，量力而行

在认准了大方向，决定投入后，要对自身进行深刻分析，对投入体量做出准确判断，不能蛮干投入过大，也不要太过谨小慎微。要考虑的几个重要问题是：

（1）养殖的规模、品种、模式，和与之相匹配的投资与基础建设。适当的饲养规模，是进行肉鸡生产管理和获得最佳经济效益的重要的因素。较大规模才能产生较好的效益，因为单只鸡的绝对利润不可能很大，需要数量的积累，才能产生规模效益。但如果不进行市场、效益分析，超出自身承担风险的能力，盲目扩大规模，也不易成功。养殖初期，在技术经验尚不足时，最好选择适应性强、耐粗饲、抵抗力强的地方鸡种，这些品种通常也比较适合放养。

（2）了解相关政策、办理相关证件，了解政策性补贴。到当地农业、畜牧业和环境保护等主管部门去了解相关政策和办理证件，如当地是否属于禁养区，办理农用地转用审批手续、土地租用手续，办理动物防疫条件合格证，到环境保护主管部门办理环评手续，到工商主管部门办理营业执照，到畜牧主管部门办理登记备案手续等。另外，针对生态养殖，国家可能会有政策性补贴，应有意识地去咨询和争取。

3.科学选址

选址对一个肉鸡养殖场的日常生产和管理、肉鸡健康、生产性能的发挥、生产成本及养殖效益都具有重要影响，对于高效、安全、长远的生产具有重要意义。场址在选择前，要充分结合好养殖规模和养殖模式等，一旦选定，所有的房舍建筑、生产设备等都要进行动工建设和安装，并且一经确定后很难更改。而生态型肉鸡养殖对场址的要求更为特殊，必须因地制宜，要对场地选择进行慎重考虑和充分论证。

（1）选址基本原则。①健康生产原则。生态型肉鸡养殖的突出优势就是其健康的养殖方式和良好环境，因此所选区域的空气、水源水质、土壤土质等环境应符合无公害生产标准、绿色食品等标准的要求。要避免重工业、化工业等企业产生的废气、废水、废渣等的污染。鸡若长期处于严重污染的环境，必然受到有害物质的影响，产品中也会残留有毒、有害物质，这样不仅没有突出产品优势，反而成为劣质产品，对人体也有害。因此，生态鸡场不宜选在环境受到污染的场地。②生态可持续发展原则。鸡场选址和建设时不仅考虑眼前，也要有长远打算，尽量做到可持续发展。要保证鸡场的生产不会对周围环境造成污染，选址时，就应考虑鸡的粪便、污水等的储存地点和处理、利用方法。对场地粪污、污水去向，距居民区水源的距离等应调查清楚。③卫生防疫原则。鸡场的环境及卫生防疫条件是生态型肉鸡养殖能否成功的关键因素之一，首先要与居民区和主干道保持一定距离，其次必须对当地历史疫情做周密的调查研究，还要特别警惕附近是否有兽医站、养殖场、屠宰场，以及它们的距离、方位等，尽量远离这些可能存在的污染源，并保证合理的卫生距离，并尽量处于这些污染源的上风向。④经济性原则。不论何种生态型肉鸡养殖，都必须在保证养殖产品质量的前提下，尽量节约成本，这样才能生存和发展，所以不论在选择用地和基础建设，还是租用别人的场地方面，都要精打细算、厉行节约原则。避免盲目大规模建设、投资，鸡舍和设备也应充分考虑成本和使用年限，不能过于看重外观和高端、大气、上档次，要有效利用已有的自然资源和设备，尽量减少投入成本。

（2）选址要求。生态型肉鸡养殖场场址的选择应考虑以下内容：

位置和便利性：场址的选择需要平衡安全距离与交通便利之间的矛盾。一般安全距离要求与各种化工厂及畜禽产品加工厂距离不小于1 500米；与其他养殖场距离不小于500米，距离大型畜禽场之间应不小于1 000米；与居民点有1 000米以上的距离；与国道的距离（省际公路）不小于500米，与省道、区际公路的距离200～300米；与一般道路的距离50米以上（有围墙时可减小到50米，但要避免噪声对鸡健康和生产性能的影响）。在保证了以上安全距离之后，则尽量选择交通便利之地，从而应尽可能地接近饲料和其他物资产地及加工地，靠近产品销售地，以降低运输成本和缩短运输时间。另外还要考虑电力、供水及通信设施的便利性，鸡场要尽量靠近输电线路，以缩短新线敷设距离和减少费用，并最好有双路供电条件。另外，鸡场还应尽量靠近集中式供水系统（城市或乡村自来水）和通信设施（手机信号塔），以保障供水质量和稳定性及对外联系。编者曾接触过一位养殖场主，因不熟悉这些选址要点，后来自费修路、拉线通电，投入数十万元，远超之前的预期，占用了大量资金。

地形地势和土壤：鸡场应选地势高燥，高出历史洪水线1米以上，地下水位要在2米以下的区域，从而避免积水和减少土壤毛细管作用而产生的地面潮湿，低洼潮湿的场地会导致空气相对湿度较高，不利于鸡的体热调节，而利于蚊蝇、病原微生物和寄生虫的生存繁殖，对鸡健康会产生很大影响。养殖环境所处位置一般高出地面0.5米。若养殖场建在山坡、丘陵地带，要建在南坡，因为南坡比北坡温度相对高，蒸发量大，湿度低。山区建场还要注意地质构造情况，避开断层、滑坡、塌方的地段；也要避开坡地、谷底以及风口，以免受山洪和暴风雨的袭击。鸡场的地面要平坦而稍有坡度，以便排水，防止积水和泥泞，坡度不要过大，一般不超过25%，坡度过大，建筑施工不便，也会因雨水常年冲刷而使场区坎坷不平。地势要向阳避风，以保持鸡场具有较好的环境，阳光可以增温消毒，避风可以减少寒冷侵入，保持温度平稳。地形要尽量开阔整齐，而不是过于狭长或边角过多，这样较易规划设计，也便于饲养管理。养殖环境应保证嫩草和昆虫含量丰富，可为鸡提供广泛的食物来源。在选择场址时，要详细了解场地的土质土壤状况，若透水透气性良好，则能保证场地干燥。一般认为壤土较适宜，而沙质土较差，但在实际操作中，由于各地土壤类型可能比较统一，因此也不宜过分强调土壤物理性质，而应重视化学特性和生物学特性的调查。若因客观条件所限，土壤不够理想，则应在鸡的饲养管理、鸡舍设计、施工和使用时注意弥补土壤的缺陷。

水质水源：水的重要性常被轻视，其实水是鸡最重要的营养物之一。水量可根据以下因素进行大致计算：每只成年鸡每天的饮水量平均为300毫升，若加上日常管理，每只鸡每天可按1升水计算，鸡场工作人员生活用水一般每人每天24～40升。夏季用水量在此基础上增加30%～50%。关于水质，若担心水质有问题，或对水质有较高要求时，可参照农业标准《无公害食品　畜禽饮用水水质》（NY 5027—2008）的要求，其核心指标如表8所示。

表8 畜禽饮用水水质标准

项 目		标准值	
		畜	禽
感官性状及一般化学指标	色	≤30°	
	浑浊度	≤20°	
	臭和味	不得有异臭、异味	
	总硬度（以CaCO$_3$计），毫克/升	≤1 500	
	酸碱度	5.5～9.0	6.8～8.0
	溶解性总固体，毫克/升	≤4 000	≤2 000
	硫酸盐（以SO$_4^{2-}$计），毫克/升	≤500	≤250
细菌学指标	总大肠菌群，每100毫升饮水中大肠菌群的最近似数（MPN）	成年畜100，幼畜和禽10	
毒理学指标	氟化物（以F计），毫克/升	≤2.0	≤2.0
	氰化物，毫克/升	≤0.20	≤0.05
	砷，毫克/升	≤0.20	≤0.20
	汞，毫克/升	≤0.01	≤0.001
	铅，毫克/升	≤0.10	≤0.10
	铬（六价），毫克/升	≤0.10	≤0.05
	镉，毫克/升	≤0.05	≤0.01
	硝酸盐（以N计），毫克/升	≤10.0	≤3.0

需要注意的是，假如为果园、稻田等经常施用农药的生态养殖模式，则自打井的水质可能会有农药残留，从而导致鸡健康及鸡肉产品问题，这是要尽量避免的，而且要提前考虑到，并尽量使用生物农药，必要时，要进行农药残留的检测，以达到质量标准的要求，若无法达到，则应放弃，或者只使用无农药残留的饮用自来水。如果养鸡场无自来水供应，需要自打井或者使用地面水作为水源时，则一定要进行消毒处理，以净化水质。

气候因素：如果对当地的气候不够了解，则应调查了解当地气候气象资料，如气温、降水量及时间分布、风力、风向及灾害性天气的情况，以作为鸡场建设和设计的参考。这些资料包括地区气温的变化情况、夏季最高温度及持续天数、冬季最低温度及持续天数、风向、土壤冻结深度、降水量与积雪深度、最大风力、常年主导风向、光照情况等。

其他因素：①最好能种养结合。在选择鸡场外部条件时，有条件的地区可优先选择种植业面积较广的区域。这样一方面可以充分利用种植业的产品，作为畜禽饲料的原料；另一方面可使养殖业产生的大量粪尿作为种植业的有机肥料，从而实施种养结合，实现农业的综合可持续发展。②避免兽害。由于一些生态养殖模式在草原、树林、果园中等，野生动物较多，如蛇、鹰、野犬、狐狸、黄鼠狼、獾、鼠等，会对鸡群造成严重伤害，因此在选址时也要考虑到兽害的影响。如果不严重但也有威胁，则要考虑安装铁丝网，养鹅或养犬保护鸡群。

要选择产权关系或租赁关系明晰的场地，避免后期因此而产生纠纷，造成严重后果。

4.认真规划，有条不紊

正如建筑楼房，鸡场的设计规划非常重要。一个鸡场的建设和后期的运行规划，除了要认真、反复推敲外，还必须要请专业人士或专业公司帮忙把关、出谋划策，才能保障规划的合理性和后期实施的顺利进行。在这里需要指出，由于生态型肉鸡养殖模式主要是采用专业户和散养模式，而养殖方式主要是平养（主要为地面平养和网上平养两种），因此建议规划时要有很强的针对性并且要请专业人士或专业公司帮忙规划。

具体规划的方面，若是新建场，前期规划包括鸡场的建设和设备设施的购置以及人员招聘等活动。若是已投入生产的鸡场，则日常的规划包括制订生产计划、人员组织安排、制订销售计划等，下面将针对这些进行简要介绍。

生产计划具体包括何时进鸡、进多少、何时转群、何时出栏、出栏多少等，这些事先都要有具体的计划，以便于组织人力实施；另外，生产计划也是制订其他计划的依据，只有制订出生产计划，才能制订出饲料计划、产品销售计划和财务开支计划等。

（1）进雏计划。对鸡场来说，进雏的时间和数量是每批生产的起始点，也是后续生产进度的节拍器和生产规模的指示器，因此，合理地安排进雏可以充分利用鸡场的生产设施，并获取最大的经济效益。进雏的依据是：考虑每批鸡的生产周期，全年市场需求量变化和价格波动规律，本场的生产能力（人、财、物）和销售能力，从而决定一年进几批雏和每批进雏的数量。具体的进雏和育雏时间要视各地的气候类型、鸡的生长周期、上市时间等而定，一般育雏都在舍内进行，一年四季都可进行，按季节可分为3—5月进雏为春雏，6—8月为夏雏，9—11月为秋雏，12月至翌年2月进雏为冬雏。

（2）生长、育肥、放养、出栏计划。肉鸡饲养一般采用两种方式，一种是从育雏到出栏都在一个舍内，逐渐扩群，最后到出栏；另一种是分段饲养，多采用两段或三段制。分段饲养制的优点是能够合理利用鸡舍，减少了育雏舍面积，也充分利用了饲养设备；便于生产安排；有利于提高鸡群成活率。其缺点是转群会给鸡群带来较大的应激，并增加了劳动强度，如果转群后管理不善，也会造成一定的损失。因此，要根据是否分段及分为两段或三段来制订计划。

若采用生态养殖模式和地方品种，肉鸡一般的饲养时间在90 ～ 150天，雏鸡在舍内的饲养时间不少于30天，一般为30 ～ 50天，然后进入生长和育肥阶段。育雏阶段对环境温度要求严格；生长期为快速生长阶段，此阶段肉仔鸡生长发育特别迅速，生长后期为出栏前的育肥期。

环境和气候较差的情况，放养时间不宜过早，要根据雏鸡的长势和健康状况、当地气候条件、雏鸡饲养密度和鸡舍容纳能力等，决定放养的时机和时间长短，否则鸡的抵抗力较弱，对环境适应性差，容易患病，对野外天然饲料的消化利用率低，也容易受到野外兽害侵袭。如果恰逢秋冬季节，则适度减少室外放养时间，而在春夏季节气温高、草虫多时，可增加放养时间。我国南北差异、地形海拔差异等很大，各地应自我调整。

适时出栏：当肉鸡日龄达到育肥中后期，生长速度会逐渐减慢，饲料转化率也逐渐降低，从这一角度看，应该早出栏；然而，对肉鸡尤其是一些地方鸡种，肉质风味又与饲养时间的长短和性成熟的程度有关，从而可能要继续饲养一段时间。因此，应根据鸡的品种、日龄和风味相关情况、饲养方式、日粮的营养水平、市场价格行情等情况决定适宜的上市日龄，地方肉鸡一般不超过15周龄，杂交肉鸡10周龄左右出栏为宜，但也有长速较慢或者对风味有特殊要求的会延长到半年甚至一年不等。编者不建议人为地推迟出栏时间，或者盲目地以饲养时间长为噱头和卖点，因为无论从饲料成本，还是人力、时间、资产占用等角度考虑，耗费都很大，最终这些成本也会转嫁到消费者头上，或者造成自己竞争力的降低。

（3）饲料生产计划。饲料生产计划与上述各阶段鸡的数量、放养时间等计划密切相关，总的原则是要保证稳定的供应，并且留有至少2天的预备量。根据每只肉鸡上市日龄内的采食总量及每批鸡的饲养只数，以及一年饲养批次，还要结合各生长阶段的营养需要和饲料配方、对应日龄的预期采食量及放养情况，制订出全年、季、月、周、天所需要的饲料数量和各种饲料所占的比例等的详细计划。若要制订精密而准确的计划是非常难的，若是自己配制饲料，则还要结合各种饲料原料的价格与市场行情波动，来进行灵活采购，大宗的饲料原料如玉米、豆粕以及当时根据时令选择的价格较低的原料可以有较多的储备。

作为刚进入肉鸡养殖行业的人，建议初期可以考虑选择购买商品全价饲料，或者购买商品浓缩饲料或预混料，便于自己配制。这样可以很大程度地降低饲料配制、原料供应、储存等带来的一系列风险，也可减少饲料加工设备购置、原料购置带来的资金占用。

（4）消毒、免疫计划。根据生产计划，制订合理的消毒和免疫计划十分必要，要相信防重于治，勿存侥幸心理。在进雏鸡时，要了解引入种鸡场的防疫情况、是否带有某种传染病。

（5）鸡场设备维修、更新计划及其他计划。作为小规模鸡场，这些计划也许可有可无，应随机应变地解决；而对有一定规模和经验的鸡场，应提前纳入规划。

（6）劳动力的组织与安排。鸡场制订的各项计划最终要靠人来贯彻执行，合理安排和使用劳动力是提高劳动效率、降低生产成本的关键。要根据生产规划预估出劳动力的数量和分配情况，并发挥每个人的特长，将其安排到合适的岗位中去。还要考虑到春节等节假日对生产的影响，对于劳动力密集和清闲的时段，提前做好人员的规划。

（7）产品销售计划。最终的生产效益要在产品销售后才能得到。产品销售除了与前面提到的生产与出栏计划密切相关外，还与销售渠道的畅通与否、市场价格行情的波动、销售人员等的情况相关，何时上市、产品等级定位、数量、预期价格等都应纳入销售计划的考虑范围。

（8）财务开支计划。鸡场的主要开支包括饲料、工资奖金、水费、电费、燃料费、取暖费、维修费等，占整个饲养成本的70%～80%，此外还有鸡苗费、药费、疫苗费、设施设备费、垫料费等，这些开支计划要根据实际情况和生产规模详细制订。财务开支计划一方面要力求节约，另一方面要有较充足的保障，以保证生产的正常运行，要做到合理而有计划地使用资金。

5.注重细节，注重管理

（1）细节管理。细节决定成败，鸡场的运行，除了一开始定下经营的大方向外，无不由许多个细节组成。比如购买鸡苗时仔细甄别鸡苗的健康状况、性别；鸡舍清理消毒时是否做到无死角；疫苗是否冷藏保存；每天是否仔细巡查鸡群的状况和设备设施运转情况；仔细查找病鸡或死鸡的原因；员工的精神状态和心理是否有为难情绪，等等。

（2）制度管理和人的管理。如果把一个鸡场比作一辆高效运行的赛车，那么管理水平高的场长就如同一位好的赛车手，可以把性能速度发挥到最佳。好的管理一方面要建立一套健全的规章制度，如考勤制度、劳动纪律、奖罚制度、生产制度等，还要建立和健全记录制度，准备好各单位相关必要的表格并进行记录，如每周、每天饲料消耗情况，死亡或淘汰鸡数，温湿度等，让工作都有章可循；另一方面要管理好工作人员，分工明确，赏罚分明，公正公开，既要按制度办事，又要人性化管理，充分调动员工的积极性，做好分内事的同时，也关心分外的事。要经常进行人员的学习和培训，提高业务能力和水平，要培养细心、认真、勤奋、乐观、协作的工作态度。要强调员工的执行力，能各司其职，任何一个环节出了问题，都会影响整个生产。

6.育雏期饲养管理

（1）做好进雏准备。由于生态放养鸡基本是脱温以后进行放养，因此雏鸡饲养在脱温之前还是按照标准集约化养殖。按条件修建好保温保湿、通风良好的育雏舍。或者直接购买脱温鸡进行放养。育雏鸡舍采取密闭式肉鸡舍的设计要求与设施配套技术，其中雏鸡舍面积直接影响饲养密度，应根据肉鸡类型、周龄、饲养量、方式和放养空间而定，使鸡获得足够的活动空间、饮水和采食位置，从而有利于鸡群的生长。

进雏鸡苗前按照进雏清单（表9）检修好鸡舍、饲养设备、电源，准备好足够的料槽、饮水器以及其他用具，将鸡舍及用具彻底清洗消毒。进雏鸡前2天，将设备安装布置好后提前预温，将鸡舍内温度调到育雏所需要求，并按雏鸡营养标准配置适量的雏鸡料，备足垫料，还要备足常用的兽药、消毒药和疫苗。

表9　进雏准备核对清单

内容	操作方法
1.栏舍地面消毒	先用0.5%百毒杀（或其他消毒液）溶液进行全面喷洒消毒，再用3%左右的氢氧化钠溶液进行喷洒消毒
2.饮水器、料槽和其他用具消毒和准备	消毒液浸泡冲洗，晾干后放入鸡舍，如果是料线和水线还要检查其是否能正常工作。按每1 000只鸡15个雏鸡饮水器（真空饮水器或钟形饮水器）或每个水线上的饮水乳头10～15只鸡，每个料桶35只鸡，或每只鸡占用2.5厘米料槽长度来准备
3.鸡舍熏蒸消毒	每立方米空间用40毫升福尔马林加20克高锰酸钾消毒；对曾发生过烈性鸡病的每立方米空间用50毫升福尔马林加25克高锰酸钾消毒。将上述药物准确称取后，先将高锰酸钾放入瓷盆中，再加等量的水，用木棒搅拌至湿润，然后小心地将福尔马林倒入盆中，操作员迅速撤离鸡舍，关严门窗即可。待熏蒸24小时左右，然后打开门窗排除福尔马林气味，至少空置2周
4.鸡舍预温	进雏鸡前2天，将设备安装布置好后提前预温，将鸡舍内温度调到育雏所需要求（32～35℃）
5.备好消毒药、垫料、饲料、疫苗	提前准备好雏鸡料、所养鸡所需的各个免疫阶段疫苗和一些常规的兽药

（2）饮水与开食。孵化或者购进的雏鸡连同雏鸡纸盒一起散放在育雏室内休息5 ～ 10分钟，再放

到地面或网上。雏鸡入舍后，用加有5%的葡萄糖和1%的复合维生素的温水作为雏鸡的首次饮水，饮水2～3小时后，约有2/5的雏鸡有觅食表现时就可开食，把饲料平撒在垫板上，饲料为破碎料。

（3）育雏温度、湿度控制。育雏温度第一周保持在32～35℃，从第二周起每周下降2～3℃，可根据环境温度来调节。温度过高时易引起雏鸡上呼吸道疾病，饮水增加、食欲减退等，过低则造成雏鸡生长受阻，相互扎堆，扎堆的时间过长就会造成大批雏鸡被压死。育雏相对湿度以50%～65%为宜。1～10日龄舍内相对湿度以60%～65%为宜，湿度过低，影响卵黄吸收和羽毛生长，雏鸡易患呼吸道疾病。10日龄以后相对湿度以50%～60%为宜。

（4）光照、密度和通风。白天可利用自然光照，晚上以人工补光为主，光照度一般1～4日龄掌握在20～25勒克斯，昼夜照明，以便让雏鸡熟悉环境。以后随着日龄增大，光照度应逐步减弱，2～3周龄为10～15勒克斯，4周龄以后为3～5勒克斯，而且光照时间应逐渐缩短，直至自然光照。

饲养密度要适中，平养情况下，一般每平方米1～2周龄20～40只，3～6周龄10～15只，7周龄上以8～10只为宜。若采用网上平养，比地面平养（采取垫料方式）饲养密度可适当提高。

（5）断喙或者佩戴"鸡眼镜"。由于鸡在性成熟之后有打斗行为，从而影响鸡采食，甚至造成鸡受伤死亡。因此一般会对鸡进行断喙（图41）和佩戴"鸡眼镜"（图42）。断喙一般在6 ～ 10日龄进行，太早太迟都对雏鸡不利。为防止断喙带来的应激和出血，在断喙时饲料中应添加双倍的维生素或者饮水中添加复合维生素。

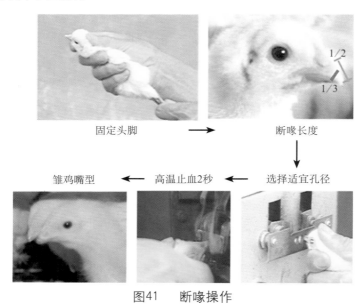

固定头脚 → 断喙长度

雏鸡嘴型 ← 高温止血2秒 ← 选择适宜孔径

图41　断喙操作

图42　"鸡眼镜"

断喙技术要点：断喙时，一只手握鸡，拇指置于鸡头部后端，轻压头部和咽部，使鸡舌头缩回，以免灼伤舌头。如果鸡龄较大，另一只手可以握住鸡的翅膀或双腿。所用断喙器孔眼大小应使烧灼圈与鼻孔之间相距2毫米。一般是上喙切去1/2，下喙切去1/3。断喙烧灼时间一般为2秒，不能太快，以防切口没有完全止血，造成雏鸡因出血死亡。

"鸡眼镜"是指用佩戴在鸡的头部遮挡鸡眼正常平视光线的特殊材料，使鸡不能正常平视，只能斜视，以有效防止鸡群打架、啄毛等。放养鸡佩戴鸡眼镜时间一般在其体重达到0.5千克左右（育雏结束）。

7.生态放养期饲养管理

（1）生态放养密度与时间。通过育雏脱温或者直接购买脱温鸡进行放养生态放养一般选择4月初至10月底，这期间林地杂草丛生，虫、蚁等昆虫繁衍旺盛，鸡群可采食到充足的生态饲料。此时，外界气温适中，风力不强，鸡能充分利用较长的自然光照，利于鸡的生长发育。其他月份则采取圈养为主、放牧为辅的饲养方式。一般在4周龄后开始放养，放养密度以每亩100只左右为宜。初训的2～3天，因脱温、放养等影响，可在饲料或饮水中加入一定量的维生素C或复合维生素等，以防应激。随雏鸡长大，可在舍内外用网圈围，扩大雏鸡活动范围。放养应选择晴天，中午将雏鸡赶至室外草地或地势较为开阔的坡地进行放养，让其自由采食植物籽实及昆虫。放养时间应结合室外气候和雏鸡活动情况灵活掌握。

（2）生态放养训练。放养训练为尽早让鸡养成在野外觅食和傍晚返回棚舍的习惯，放养开始时每次喂料时给予鸡群相同的信号（吹口哨、敲打料盆等），进行引导训练，使其形成条件反射。一般以一种特殊的声音让鸡群逐步建立起"吹口哨（敲打料盆）—回舍—采食"的条件反射，只要吹哨即可召唤鸡群采食。作为信号，这种声音应柔和而响亮，持续时间可长可短。放养后通过该信号指挥鸡群回鸡舍、饲喂、饮水等活动。坚持固定饲养人员，饲喂、饮水定时、定点，逐渐调教，让鸡养成白天野外采食，晚上返回鸡舍补料、饮水、休息的习惯。喂食调教前应使鸡有一定的饥饿时间，然后一边给予信号，一边喂料，喂料的动作尽量使鸡能够看到，每天反复几次，一般3天左右可建立调教反射。经过一段时间的训练，鸡会逐步适应外界的气候和环境，养成了放牧归牧的习惯后，可全天放牧。傍晚前，在远处查看放牧地是否有仍在采食的鸡，并用信号引导其往鸡舍方向返回。如果发现个别鸡在舍外夜宿，应将其捉回鸡舍圈养起来，并将其在外营造的窝破坏。第二天早晨晚些时间将其放出采食，傍晚再检查其是否未回鸡舍。如此几次后，鸡便可按时回到鸡舍。

冬季早晚气温较低，应晚放早归，但应保证放牧前和归巢后的饲喂；夏季可早放晚归，注意其间的饮水和遮阳。时时关注天气预报，雷雨到来之前让鸡回到鸡舍，一旦不能回到鸡舍，鸡可能会被暴雨淋病或被水淹死。

（3）划定轮养区养殖。一般每5亩地划为一个轮养区，每个轮养区用尼龙网隔开，这样既能防止鼠、黄鼠狼等对鸡群的侵害和带入传染性病菌，有利于管理，又有利于食物链的建立。待一个牧区草虫不足时，再将鸡群转到另一个牧区放牧，公、母鸡最好分在不同的牧区放养。在养鸡数量少和草虫不足时，可不分区，或每饲养3批鸡（一般为1年）后将放养场转换至另一个新的地方，使病原菌和宿主脱离，并配合消毒对病原做彻底杀灭。这样不但能有效减少鸡群间病菌的传染机会，而且有利于植被恢复和场地自然净化，同时鸡群的活动可减少放养场内植株病虫害的发生。

（4）棚舍附近需放置若干饮水器以补充饮水。因鸡接触土壤，水易被污染，应勤换水。饲槽放在离鸡舍1～5米远的地方，让鸡自由采食，并设置围栏限制其活动范围，然后再不断扩大放养面积。

（5）喂料定时定点的日常管理。定时定量补饲，喂料时间要固定，不可随意改动，这样可增强鸡的条件反射。夏秋季节可以少补，春冬季节可多补一些。生长期（5～8周龄）的鸡生长速度快，食欲旺盛，每只鸡日补精饲料25克左右，每日补2～3次。育肥期（9周龄至上市）鸡饲养要点是促进脂肪沉积，改善肉质和羽毛的光泽度，做到适时上市，在早晚各补饲1次，按"早半饱、晚适量"的原则确定日补饲量，每只鸡一般在35克左右。

8.不断学习，经常总结

只有内行才能养好鸡，才能在激烈的竞争中胜出。凡是有志于养鸡事业的人，一定要不断地虚心学习养鸡技术，不要把养鸡看得太简单。当小试牛刀没出太大问题，或是运气较好赶上了好行情，就觉得自己已经掌握得足够多，这种想法是要不得的，必须精益求精，有忧患意识，努力提升。另外，要及时和经常总结经验教训，让好的经验继续发扬，让教训只发生一次。生态型肉鸡养殖没有可以完全照搬的模板，必须把科学的养鸡理论与自身实践想结合，只有这样才能不断提高。

9.平常心态，及时转变

养殖过程中遭遇"风云突变"是有可能发生的，比如近些年的"禽流感"事件，对肉鸡产业造成了重大打击，一些流行疾病的疫情也时有发生。虽然生态型肉鸡养殖模式在很大程度上具有天然防疫的优势，但是，一旦遇到疫情，或是市场波动，或是由于自身失误原因导致的重大损失，也要有思想准备和平常心态。

另外，各地的行情和养殖规模，消费者的需求和习惯等，都在不断地变化，要懂得顺势而为，因势利导，随机应变，主动及时地去做出改变。

（三）危机处理

一个鸡场的运行中，也可能会遭遇各种危机，诸如暴发疾病、突然停电断水以及恶劣天气、市场风险的影响。提前了解这些危机并做出预案，才能在危机出现时准确及时地处理，把危害程度降低，甚至可以预防和避免。

1.可能的危机

鸡场运行中可能发生的危机包括：

（1）人为因素。如停水、停电、失火、工人意外伤害等。

（2）自然因素。如热应激、洪水、台风、冰雹、暴风雪、旱灾、蝗灾、兽灾、地震等。

（3）疾病因素。如急性传染病。

（4）市场因素。如"禽流感"事件、"速生鸡"事件等。

（5）还包括可能由于没有经验、不关注细节导致的事故。例如不了解运输应激的概念，在运输途中空气不流通、时间过久、鸡群密度过大、温度过高、没有及时休息检查、补水等导致的鸡死亡。又例如冬季养鸡火灾发生较多，尤其简易鸡舍用明火取暖的情况，更要注意防火，同时要防止一氧化碳中毒，加强夜间值班工作，经常检修烟道，防止漏烟。

因此，平时要加强防患于未然的意识，而且要有保险的意识，必要时可考虑购买意外和财产相应保险；一旦发生危机或意外，要迅速自救，尽量降低损失，同时也要有寻求政府和社会各界帮助的意识。

2.危机预案

（1）暴发疾病预案。暴发疾病时，如立即采用一些应急措施，无疑可以减少疾病所造成的损失。①隔离病鸡及可疑病鸡，将病鸡分离到大鸡群接触不到的地方，封锁鸡舍，在小范围内采取扑灭措施。②尽快做出诊断，确定病因。如果为病毒性疾病，应对疫区及受威胁区域的所有鸡进行紧急预防接种，控制疾病的进一步发展、扩大。如果为细菌性或其他普通疾病，要对症施治。③应立即检查鸡舍内小环境是否适宜，检查饲料、饮水、密度、通风、湿度、垫料等，若有不良情况应立即纠正。要尽可能加强通风换气，使得空气新鲜、干燥，以稀释病原体。④增加鸡采食量或引诱鸡采食，在饲料中增加 1 ~ 3 倍的维生素，以增强抵抗力。⑤如果无法立即确诊，可进行药物诊断。在饲料或饮水中添加一种广谱抗生素，如有效则为细菌病，反之则可能为病毒病，再进一步诊断。⑥及时检出病、死鸡，送有关部门检验，或请兽医到现场观察病状，剖检鸡，尽快确诊。死、病鸡严禁出售或转送，必须进行焚化或深埋。

（2）停电、停水预案。准备日常的储水池或者水塔，停水时能及时应急；停电时，首先及时和电力部门或者维修部门沟通；长时间停电，如果有条件备用柴油发电机，停电时候备用；如果没有条件，夏季停电注意打开门窗，观察鸡的活动和饮水情况，同时可在饮水中加入碳酸氢钠或者葡萄糖或者复合维生素缓解热应激；如果冬季发生停电，要加强保暖，如果使用电用加热设备的可考虑备用煤炉等保温设备。

（3）应对恶劣天气预案。平常关注天气预报，针对不同恶劣天气采取不同措施。①大风天气。对鸡舍排险加固，更换清理老旧建筑物，拉好卷帘，防止风大掀翻禽舍屋顶。②暴雨、梅雨天气。暴雨来临时紧闭禽舍门窗，南方地区暴雨、梅雨容易因空气湿度变大而导致饲料霉变，要在饲料中增加脱霉剂。③极寒天气。及时关闭纵向通风口和湿帘；对粪沟等缝隙进行遮挡；可适当增加鸡舍隔热层以及加温保温。

（4）应对市场风险预案。根据市场变化和市场行情调节养鸡数量，出现极端行情时，供大于求，应该降低存栏；反之，当市场需求激增时，应适当调整存栏。

六、饲料管理

本部分主要介绍饲料方面的基本知识以及饲料营养与鸡肉品质的关系。

（一）饲料基本知识

要真正了解和掌握饲料配制技术，至少需要学习一些动物营养学和饲料学的知识，由于篇幅所限，这里仅作最简要的介绍。

1.动物所需的六大常规营养物质

动物所需的六大常规营养物质为水、糖类、蛋白质（氨基酸）、脂类（脂肪）、矿物质元素、维生素。其中，糖类、蛋白质、脂肪可以产生能量，并且糖类是主要的产能物质。各类营养物质，尤其糖类、蛋白质、脂肪这三大营养物质之间可进行一定程度的转化，但转化过程非常复杂。有些营养物质可以通过其他营养物质转化，这些营养物质常被认为是非必需的，而不能通过其他营养物质转化、必须从外界饲料中摄入的是必需的。

2.饲料原料

国际饲料原料分为8类，分别为粗饲料、青绿饲料、青贮饲料、能量饲料、蛋白质饲料、矿物质饲料、维生素饲料和添加剂。我国的饲料分类与之相似，但又根据传统习惯分为16亚类。不同类别的饲料原料以其成分特点，比如水分、粗蛋白质和纤维含量，与其他类别原料相区分。

需要注意的是，目前我国已出台了对饲料原料详细的使用目录，在饲养过程中及生产饲料的过程中，饲料生产企业所使用的饲料原料均应属于农业部第1773号公告《饲料原料目录》及其后相关增补原料。根据《饲料原料目录》，我国现有饲料原料可分为13大类。具体如下：①谷物及其加工产品。②油料作物及其加工产品。③豆科作物籽实及其加工产品。④块茎、块根及其加工产品。⑤其他籽实、果实类产品及其加工产品。⑥饲草、粗饲料及其加工产品。⑦其他植物、藻类及其加工产品。⑧乳制品及其副产品。⑨陆生动物产品及其副产品。⑩鱼、其他水生生物及其副产品。⑪矿物质。⑫微生物发酵产品及其副产品。⑬其他饲料原料。

（1）能量饲料。能量饲料是指在干物质基础下，粗纤维含量小于18%，同时粗蛋白质含量小于20%的饲料。能量饲料主要包括谷实类、糠麸类、草籽树实类、根茎瓜果类和生产中常用的油脂、糖蜜、乳清粉等。谷实类饲料主要有玉米、小麦。糠麸类饲料主要有小麦麸、次粉、米糠。

（2）蛋白质饲料。蛋白质饲料是在干物质基础下，粗纤维含量小于18%，同时粗蛋白质含量大于20%的饲料。主要包括植物性蛋白质饲料、动物性蛋白质饲料和单细胞蛋白质饲料。

植物性蛋白质饲料包括豆类籽实，主要有大豆、豌豆、蚕豆和黑豆，这些豆类都是动物良好的蛋白质饲料；饼粕类如大豆饼（粕）、菜籽饼（粕）、棉籽饼（粕）、葵花籽饼（粕）、花生仁饼（粕）等。其他加工副产品也可归在蛋白质饲料范畴内，如一些谷类的加工副产品的糟、渣，例如玉米面筋、各种酒糟与豆腐渣等。

动物性蛋白质饲料主要有鱼粉、肉骨粉，此外还有蚯蚓粉、蚕蛹、血粉、乳清粉、羽毛粉和昆虫粉等。

单细胞蛋白质饲料主要有酵母、微型藻和非病原真菌。

（3）矿物质饲料。动植物性饲料中虽含有一定量的动物必需矿物质，但常规动植物性饲料常不能完全满足肉鸡生长、发育对矿物质的需要，因此，应补充矿物质饲料。如提供钠、氯的矿物质饲料主要有氯化钠和碳酸氢钠；含钙的矿物质饲料主要有石粉和贝壳粉；含钙与磷的矿物质饲料主要有骨粉、磷酸盐（磷酸氢钙，含钙24%、磷18%；磷酸二氢钙，含钙17%、磷26%；磷酸三钙，含钙29%、磷15%）。其他矿物质饲料还有沸石、麦饭石、膨润土等。

3.饲料的种类

（1）根据饲料形态的分类。饲料根据形态可分为粉料、颗粒料、液态料，肉鸡上常用粉料和颗粒料。颗粒饲料是全价配合饲料加上结合剂，经颗粒机压制而成。制粒时的粒度可设不同大小，能适应小雏、中雏及后期肉鸡的需要。颗粒饲料的最大优点是饲料浪费少，混合比例稳定，易采食，采食量大。粉状配合饲料由于各种饲料原料的粗细、比重不同，经过包装、运输、饲喂等环节后，可能会使原本拌匀的饲料变得不太均匀，影响营养的均衡，再就是鸡采食时易带出料槽，造成浪费。

（2）普通饲料和野外天然饲料。生态型肉鸡养殖的饲料从来源角度，大致分为两种，一种为与一般养殖方式相同的粮食或非粮饲料，可以选择自配或直接采购商业成品饲料，另一种来源为特有的，从放养环境中获得的昆虫、草籽、草叶、瓜果、菜叶、腐殖土等。

（3）自配和外购饲料。若从配制来源的角度，可分为两类：一种为自己配制饲料，饲料原料使用当地的天然粮食或非粮饲料，另一种来源为外购，由专业饲料公司或合作公司销售的预混料、浓缩饲料或全价饲料。

4.配合饲料

由于天然的、单一的饲料原料不能满足鸡需要的营养物质，因此，需要将不同的原料进行组合搭配后饲喂。这种由不同原料配合而成的饲料就称为配合饲料。若按配合饲料的分类，可根据所含营养成分的不同，可将配合饲料分为以下三种。

（1）全价配合饲料。除水分外能完全满足动物营养需要的配合饲料称为全价配合饲料。这种饲料所含的各种营养成分均衡全面，能够较好地满足动物的营养需要，不需添加其他成分就可以直接饲喂，并能获得较好的经济效益。它是由能量饲料、蛋白质饲料、矿物质饲料、维生素、微量元素以及其他饲料添加剂组成的。

（2）浓缩饲料。是指由蛋白质饲料、矿物质饲料和添加剂预混料按一定比例配制的均匀混合物。浓缩饲料也不能直接饲喂，需要再按一定比例添加能量饲料原料，即配制成营养全面的全价配合饲料。一般情况，浓缩饲料占全价配合饲料的比例为20%～40%，其中的蛋白质含量一般在30%以上。若是5%～10%的浓缩饲料，使用时还需添加一定量的能量饲料，外加豆粕或其他蛋白质含量较高的饲料原料才能配制出全价饲料。

（3）添加剂预混料。指由一种或多种饲料添加剂与载体或稀释剂按一定比例配制的均匀混合物。添加剂预混料在配合饲料中所占比例很小，3%～4%的预混料包括各种维生素、微量元素、常量元素和非营养性添加剂等，而0.4%～1.0%的预混料不包括常量元素，即不提供钙、磷、食盐。添加剂预混料和浓缩饲料一样，都是饲料半成品，需要与其他饲料原料组合后才能饲喂。

（二）饲料营养与鸡肉品质的关系

鸡肉品质较好是生态型肉鸡养殖的一大卖点，因此，除了肉鸡品种固有的特性和饲养环境与方式对其的影响外，饲料营养还会对鸡肉品质产生较大影响。

1.能量饲料对鸡肉品质的影响

能量饲料主要包括糖类能量饲料和油脂类能量饲料。糖类能量饲料在鸡饲料中占有非常大的比例，并以谷实类中黄玉米最为常用，黄玉米有效能值高，还含有胡萝卜素、玉米黄素等，有利于生长和加深肤色，有研究称用玉米饲喂肉鸡比小麦饲喂肉鸡可以沉积更多的脂肪，胸腿肉嫩度更好。小麦配以燕麦比其配以大麦可使鸡肉味道更鲜美。高粱中因含有单宁会导致鸡肉带有鱼腥味。以甘薯替代肉鸡日粮中50%的玉米，同时以23%的大豆粕替代花生粕，具有降低腹脂的趋势。

油脂类能量饲料是肉鸡饲料中常用的能量补充饲料。饲料中的油脂不但能提供能量，而且能给鸡提供必需的脂肪酸等营养物质，以满足其生长发育的需要，同时调节鸡的脂肪代谢，从而达到改善鸡肉品质的目的。饲料中脂肪来源、氧化程度、添加水平和添加时间都可能影响鸡肉品质。不同种类的油脂对鸡肉品质的影响不同，一般而言动物性油脂优于植物性油脂。由于鸡体脂成分可用饲料脂肪调控，比如鱼油、玉米胚芽油、棉籽油、燕麦油、芝麻油、大豆油、葵花籽油、亚麻籽油、菜籽油、紫苏油等中含较多多不饱和脂肪酸（PUFA），在日粮中添加可改善鸡肉组织的脂肪酸组成，但多不饱和脂肪酸含量过高会对鸡肉品质产生不良影响，容易引起鸡肉的氧化变质，降低食品的颜色、风味，组织结构和营养价值和货架期，若要抑制多不饱和脂肪酸的氧化，则又需要补充适量的微营养性抗氧化剂，如维生素E、硒、镁、β-胡萝卜素等，或具有抗氧化性的天然植物提取物如茶多酚、黄酮等。

2.蛋白质饲料和氨基酸对鸡肉品质的影响

蛋白质饲料主要有植物性蛋白质饲料和动物性蛋白质饲料两大类，不同蛋白质饲料对鸡肉风味和鸡体脂肪的蓄积影响不同。由于鱼特有的鱼腥味，饲料中添加鱼粉会导致鸡肉风味下降，但饲喂经过发酵的鱼粉，则鸡肉中不再有鱼腥味。在肉鸡饲料中添加2%～10%的羽毛粉，不影响其生产性能，而降低了腹脂和胴体脂肪含量。植物性蛋白饲料中豆粕和花生饼（粕）用得最多，商品肉鸡的后期料中花生饼（粕）可适当提高比例，因为可以改善肉质风味。菜籽饼是一种廉价的蛋白质饲料，但大量使用（添加10%低葡萄糖苷菜籽饼）时，因其含有硫葡萄糖苷而可能造成鸡肉异味。

日粮中的氨基酸水平与肉质有一定的关系，肉鸡日粮中一种或几种氨基酸含量低时，鸡的采食量会加大，以满足自身限制性氨基酸的需要量，这样可能会导致摄入能量过多，多余的能量转化为脂肪，造成体脂含量增加。在日粮低蛋白质条件下，补充限制性氨基酸有利于减少脂肪的沉积。有研究称适当提高日粮蛋氨酸水平可降低肉鸡腹脂的沉积，可能是蛋氨酸有降低采食量的效应或直接参与控制腹脂的沉积过程。在赖氨酸缺乏的日粮中，随赖氨酸的添加水平增加，胴体脂肪含量下降，高能量和高赖氨酸水平下可获得最大程度的蛋白质沉积，低能量和适中赖氨酸水平下可获得最低的脂肪沉积量。在能量相等的条件下，将肉仔鸡饲料中粗蛋白质水平从20%降低到16%，并添加0.2%缬氨酸可降低因低蛋白质而带来的腹脂增加，而单独添加0.2%异亮氨酸则会提高腹脂含量。肉鸡采食蛋白质含量为22%、20%或18%的饲料，肉鸡的胴体脂肪或腹脂重随蛋白质含量的降低而增加，并且随赖氨酸或精氨酸的添加而降低。

3.矿物质和微量元素对鸡肉品质的影响

一些研究显示，在宰前肉鸡饲料中补充适量的钙对改善鸡肉的嫩度有益。饲料中补充有机铬能降低肉鸡胴体脂肪含量，增加蛋白质含量，降低血清三酰甘油和游离脂肪酸水平。适当提高日粮中硒水平能增强机体抗氧化能力，从而提高肉品质量。每千克饲料中添加0.1毫克有机硒能显著降低鸡肉的滴水损失（滴水损失指在不添加任何外力而只受重力作用的条件下，肌肉蛋白质系统在测定时的液体损失量。滴水损失与酸碱度、颜色和大理石纹评分间显著相关，滴水损失越低，肉质越好）。日粮中添加硒还可显著提高羽毛评分，改善肉品质量，尤其是在肉色、滴水损失方面，有机硒较无机硒效果明显。提高镁的添加量可提高肌肉的初始酸碱度，降低糖酵解速度，减缓酸碱度下降，从而延缓应激，改善肉质，而且有机镁比氧化镁更有效。

铜和锌是机体超氧化物歧化酶（SOD）的重要组成部分，提高饲料中铜和锌的添加量，一方面可增强肌肉中超氧化物歧化酶的活性，减少自由基对肉品的损害；另一方面，铜也是肌肉中脂质氧化的催化剂，可大大加速脂质氧化速度。

但是需要注意的是：这些矿物质和微量元素的添加量都要适度，过少和过多都会产生不利影响，要在饲料标准的指导下进行增减；另外，一些元素诸如铜、锌等和其他重金属元素等，由于在生产中常被过量添加导致环境污染，因此国家出台了它们的推荐使用量及最高限量，详情请查阅农业部公告第2625号公告《饲料添加剂安全使用规范》（2018年7月1日起施行）。

4.维生素对鸡肉品质的影响

维生素E是一种非常有效的抗氧化剂，其在鸡肉中缺乏将影响肉品在储藏过程中脂肪的稳定性。在肉鸡饲料中添加维生素E可提高鸡肉的抗氧化性能，增加肉色的稳定性，延长肉品的货架期。维生素C和β-胡萝卜素和维生素E具有协同作用，可延缓鸡肉的氧化与脂质酸败，有效地延长鸡肉的保鲜期。

在饲料中添加硫胺素（维生素B_1）会对肌肉肌苷酸、肌内脂肪等的沉积有一定影响。饲料中添加核黄素（维生素B_2）可显著降低肉鸡肌肉颜色的亮度值、滴水损失和剪切力，从而改善鸡肉品质，也可降低皮下脂肪厚度和肌肉总脂肪含量，降低肝脂和防止肌肉中脂质过氧化。在宰前肉鸡饲料中补充适量的维生素D_3能改善鸡肉的嫩度。

5.饲料添加剂对鸡肉品质的影响

一些研究显示以下这些营养措施，可改善鸡肉品质：每千克肉鸡饲料中，添加10～20毫克的大豆异黄酮可改善鸡肉的肉色、系水力和酸碱度，防止储藏过程中鸡肉发生氧化反应，延缓宰后肌肉酸碱度迅速下降；添加600～2 700毫克甜菜碱可提高鸡肉中肌酸、肌酸酐、肌苷酸等风味前体物质以及肌红蛋白含量；添加50～100毫克L-肉碱可提高胸肌的红度值（红度值为色差仪检测结果的一个指标，正值说明比标准偏红，正值越大越红；负值说明偏绿）、肌苷酸和粗脂肪含量；添加200～300毫克的茶多酚可提高鸡肉抗氧化能力，降低鸡肉的滴水损失，减少储藏损失；添加500毫克糖萜素可降低肉鸡胸肌的滴水损失、亮度值和黄度值，提高了红度值和肌苷酸含量，提高鸡肉系水力；在肉鸡宰前饲料中添加丙酮酸盐可延缓宰后肌肉酸碱度下降，降低了肌肉滴水损失。

另一些研究显示在肉鸡饲料中添加一些调味香料如丁香、八角、生姜、辣椒，0.2%的大蒜粉，中草药饲料添加剂等可改善鸡肉品质。

夏季高温季节肉鸡容易产生热应激，导致鸡肉酸碱度下降、嫩度降低、氧化程度增加。一些试验显示，在热应激条件下，增加饲料的能量蛋白质水平，提高饲粮苏氨酸、精氨酸水平，并选用优质、可消化利用率高的饲料原料能够提高肉鸡胴体品质。

（三）自配饲料与外购饲料

建议没有饲料配制技术和经验的初始养殖者使用外购的全价饲料；至少也是使用较易配制的浓缩饲料，加上能量类饲料原料（如玉米等）自己配制全价饲料；而对于有一定技术和丰富经验的养殖者，以上两种均可采用，而且可以采购商品预混料（甚至条件允许时，预混料也可自配）和其他饲料原料，自己配制成全价饲料。需要注意的是，单一的一种全价配合饲料是针对某一特定品种、特定阶段和特定生长性能的，假如市售的针对对象与实际不符，则需要摸索使用。

另外，由于生态养殖过程中大多有放养阶段，而放养阶段的营养物质种类和摄入量难以统计，会导致日粮的全价性产生偏差，这其实也是一项科研难题，实际操作中，在放养阶段不能仅依靠天然食物，还应进行补饲，保证一定量全价配合饲料、浓缩饲料等的供应。

（四）饲料的分阶段特性

根据肉鸡的生理特点和生长发育要求，可将饲养期分为若干阶段，而每个阶段对各种营养物质的需要量是不同的，因此，使用不同营养水平的日粮和管理方法，进行分阶段饲养，可以使饲养规程更为科学合理，并能节省饲料费用，降低生产成本。

国外肉仔鸡饲养标准一般用三段制，如美国家禽营养需要（NRC）饲养标准按0～3周龄、4～6周龄、7～9周龄分为三段。我国黄鸡饲养根据出栏日龄的不同，一般分成两个或三个阶段，一般称为育雏期、生长期和育肥期三个阶段，分段的具体时间要根据品种、环境、营养供给、生长速度等而定。

（五）生态养殖饲料需注意的事项

要生产优质安全的鸡肉，在饲料营养方面首先要做到选用正规、口碑良好的厂家出品的优质安全的饲料，或者采购优质新鲜的饲料原料和绿色安全的饲料添加剂，并科学配制饲料，要严格禁用国家明令禁止的激素、抗生素和其他药物、添加剂等，严格控制受霉菌毒素、农药和病原微生物等污染的饲料原料在肉鸡饲料中的应用，严格控制饲料中重金属含量。

霉菌毒素是对动物和人体都有很大危害的物质，常见于霉变的饲料中，因此，如果发现饲料有霉变或变质变味，不要吝惜和心存侥幸，不能将其喂鸡。同样的，生态养殖模式下，鸡可能会采食到一些粗饲料、瓜果菜叶，或者当地的食物或工业加工副产品，在饲喂之前，一定注意保证这些饲料的新鲜度和安全性，不能只图便宜和方便，否则得不偿失。

饲料有一定的储存期限，注意放在避光阴凉的地方，注意防潮、防虫、防鼠。

饲养肉鸡，除了正常的饲料外，还要注意及时提供适量沙石，一方面是由于鸡没有牙齿，让沙石和食物在肌胃中来回摩擦，将食物磨碎，有助于鸡在消化过程中磨碎坚硬食物，提高消化率；另一方面是鸡的消化道比较短，饲料通过消化道时容易消化不完全，掺和沙砾可一定程度减缓食物通过消化道的速度，增加了食物在肠道内停留时间，使营养吸收更完全，提高营养物质的利用率。喂量一般在2～3周时，喂以粒径1.5～3.0毫米沙粒，每周每只鸡5～10克即可。但在放养期间，鸡可能会采食外界环境中的沙石，可减少用量或不用沙石。

七、鸡病防控

本部分介绍一些鸡病的基本知识和一些简单的诊断与应对措施。

（一）确定鸡病的步骤和方法

鸡有在健康的状态下，才能充分发挥其生产性能，才能使其优良肉质得到充分表达。因此鸡病发生后，隔离病鸡、有必要扑杀的及时扑杀，然后再遵循图43的步骤和方法确定鸡病。

需要提醒的是，鸡发病的原因很多，鸡病的种类也非常多，诊断和治疗对专业性的要求都非常高，类似症状可能有一两种或多种，而诊治策略又可能完全不同，切勿盲人摸象，低估鸡病诊治的难度。提前有一些了解，发病后及时找兽医进行诊治，可能是最稳妥也最高效的方式。因此，本书仅简单介绍一些鸡病的基本知识和一些简单的诊断与应对措施，不求读者能直接拿来就用，但求读者能大致了解。

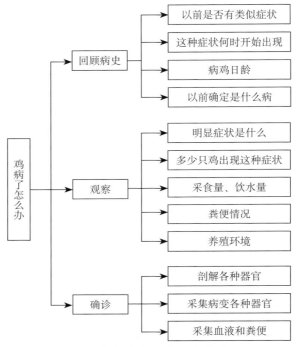

图43 确定鸡病的步骤和方法

1.回顾病史

主要从以下几方面回顾：①以前是否发生类似症状。比如腹泻、咳嗽、神经症状、运动障碍、羽毛覆盖情况、皮肤和关节发热受损等。②这种症状什么时候开始发生。③病鸡日龄。因为鸡不同日龄都有其容易暴发的疾病，比如饲养前2周容易暴发大肠杆菌病和支气管炎，10～30日龄和35～60日龄肉鸡容易暴发球虫病。④如果以前确定过某种疾病，用以前的治疗方法使鸡群恢复健康。

2.进一步观察

如果通过回顾病史不能确定病因，可结合表10所列信息进一步观察病鸡。

表10　肉鸡异常信号和原因排除

异常信号		可能原因
饮水异常	饮水量剧增	长期缺水、热应激、球虫病早期、饲料中食盐太多、其他热性疾病
	饮水量明显减少	湿度太低、濒死期
粪便异常	红色粪便	球虫病、出血性肠炎、肛门受伤
	白色黏性粪便	白痢、痛风、尿酸盐代谢障碍、传染性支气管炎
	硫黄样粪便	组织滴虫病（黑头病）
	黄绿色黏液粪便	新城疫、禽流感、出血性败血症、卡氏白细胞原虫病
	水样稀薄粪便	饮水过多、饲料中镁离子过多、轮状病毒感染
死亡	病程短、突然死亡	出血性败血症、卡氏白细胞原虫病、中毒
	死亡集中在中午到午夜前	中暑
运动异常	瘫痪、一脚向前一脚向后	马立克氏病
	1月龄内雏鸡瘫痪，头颈震颤	传染性脑脊髓炎、新城疫
	扭颈、抬头望天、前冲后退、转圈运动	新城疫、维生素E和硒缺乏、维生素B_1缺乏

（续）

异常信号	可能原因
运动异常 颈麻痹、平摊在地上	肉毒梭菌毒素中毒
趾向内蜷曲	维生素B₂缺乏
腿骨弯曲、运动障碍、关节肿大	维生素D缺乏、钙磷缺乏、病毒性关节炎、滑膜支原体病、葡萄球菌病等
瘫痪	维生素E或硒缺乏、新城疫、濒死期
高度兴奋、不断奔走鸣叫	药物、毒物中毒初期
张口伸颈呼吸、有怪叫声	新城疫、传染性喉气管炎、传染性支气管炎、禽流感
外观异常 冠有痘痂、痘斑	鸡痘、皮肤创伤
冠苍白	卡氏白细胞原虫病、白血病、贫血、营养缺乏
冠呈紫蓝色	败血症、中毒病、濒死期
冠有白色斑点或斑块	冠癣
眼结膜充血	中暑、传染性喉气管炎、眼部感染等
眼虹膜褪色、瞳孔缩小	马立克氏病
眼角膜晶状体混浊	传染性脑脊髓炎、马立克氏病、禽流感
眼结膜肿胀、眼睑下有干酪样物	大肠杆菌病、慢性呼吸道病、传染性喉气管炎、沙门氏菌病、曲霉菌病、维生素A缺乏等
喙角质软化	钙磷或维生素D等缺乏
喙交叉，上弯、下弯、畸形	营养缺乏、遗传性疾病、光过敏

（续）

异常信号	可能原因
口腔内黏膜坏死、有伪膜	禽痘、毛滴虫病
口腔内有带血黏液	卡氏白细胞原虫病、传染性喉气管炎、急性出血性败血症、新城疫、禽流感
羽毛短碎、脱落	啄癖、体外寄生虫、换羽季节、营养不良
羽毛边缘卷曲	维生素B_2缺乏、锌缺乏
脚鳞片隆起、有白色痂片	螨虫
脚底肿胀	鸡趾瘤
脚出血	创伤、啄癖、禽流感
皮肤有紫蓝色斑块	维生素E缺乏、生物素缺乏、体外寄生虫
皮肤有痘痂、痘斑	禽痘
皮肤出血	维生素K缺乏、卡氏白细胞原虫病、中毒等
皮下气肿	阉割、注射等剧烈活动等引起气囊破裂
眼流泪、眼内有虫体	眼线虫病、眼吸虫病
具有黏性或脓性分泌物	传染性鼻炎、慢性呼吸道病等

注：表中第一列"外观异常"为跨行分类。

（1）病鸡的明显症状。如腹泻、咳嗽、神经症状、运动障碍、羽毛覆盖情况、皮肤和关节发热受损等。当将鸡放出栏舍到野外时，健康鸡争先恐后向外飞跑，弱鸡常常落在后边，病鸡不愿离开鸡舍。如果腹泻，肛门附近很脏，说明肠道有问题，如果羽毛有问题，说明缺营养或者发生啄癖；若鸡呼吸带有啰音，则说明呼吸道有疾病。

（2）有多少只鸡出现这种症状，是个体现象还是普遍症状。

（3）采食量和饮水量是否有显著下降。因为新城疫、禽流感、支气管炎、鼻炎、球虫病等鸡病和热应激会引起采食量严重下降，食盐中毒、肾型传染性支气管炎等引起饮水量下降。健康鸡敏感，采食时往往迫不及待；病弱鸡不采食或采食迟缓；病重鸡表现精神沉郁、两眼闭合、低头缩颈、行动缓慢等。

（4）粪便是否异常。正常的粪便有小肠粪和盲肠粪：通常盲肠粪光滑黏稠，颜色为褐色，软硬适中呈堆状；小肠粪为逗号状，粪便表面有裂纹，软硬适中呈条状。通常盲肠粪和小肠粪还有一层白色的尿酸盐沉积。异常粪便提示鸡不健康状态可能的原因见表11。

表11 异常粪便提示鸡不健康状态可能的原因

异常粪便症状	可能原因
粪便呈现水样	小肠有问题，消化不良
粪便呈红色和橙红色	肠道受损，如球虫病等
黑色粪便	小肠受损出血时间较长
绿色粪便	采食量严重下降或急性腹泻导致的鸡病表面有胆汁盐
白色水样	感染某种疾病引起肾病

（续）

异常粪便症状	可能原因
粪便有气泡	有某种疾病或采食异常引起的小肠功能失调
饲料便（指饲料中有较多未被消化的饲料）	消化功能弱

（5）养殖环境是否异常。比如空气、垫料是否发臭（氨气和硫化氢等气体集聚过多），垫料是否过湿（粪便太多，太湿），饲料是否发霉被粪便污染，饮水是否干净等。

3.确诊

通过回顾病史和观察病鸡还不能确定病因，可结合表12通过解剖病鸡查看口腔、鼻腔是否有积液，气管是干燥还是多出血点，解剖肌胃、小肠、盲肠等是否有出血点或其他异常，解剖心脏、肝、肾和法氏囊是否有肿大和异常，然后根据表13一些鸡疾病的特殊信号，初步得到鸡病诊断结果。通过这些病例还不能断定病因，就需要采集病理器官或者血液送检，确定疾病后治疗病鸡。

表12　鸡解剖异常信号与可能疾病

病理变化	提示的主要疾病
胸骨S状弯曲	维生素D缺乏、钙磷缺乏或比例不当
胸骨囊肿	滑膜囊支原体病，地面不平整

（续）

病理变化	提示的主要疾病
肌肉过分苍白	死前放血、贫血、内出血、卡氏白细胞原虫病、脂肪肝
肌肉干燥、无黏性	失水缺水、肾型传染性支气管炎、痛风等
肌肉有白色条纹	维生素E和硒缺乏
肌肉出血	传染性法氏囊病、卡氏白细胞原虫病、黄曲霉毒素中毒、维生素E和硒缺乏等
肌肉有大头针帽大小的白点	卡氏白细胞原虫病
肌肉腐烂	葡萄球菌、产气杆菌感染
腹水过多	腹水综合征、肝硬化、黄曲霉毒素中毒、大肠杆菌病
腹腔内有血液或凝血块	内出血、卡氏白细胞原虫病、白血病、脂肪肝
腹腔内有纤维素或干酪样附着物	大肠杆菌病、鸡毒支原体病
气囊膜混浊并有干酪样附着物	鸡毒支原体病、大肠杆菌病、新城疫、曲霉菌病等
心肌有白色小结节	白痢杆菌病、马立克氏病、卡氏白细胞原虫病
心肌有白色坏死条纹	禽流感等
心冠状沟脂肪出血	出血性败血症、细菌性感染、中毒病等
心包粘连、心包液混浊	大肠杆菌病、鸡毒支原体病
心包液及心肌上有尿酸盐沉积	痛风
肝肿大、有结节	马立克氏病、白血病、寄生虫病、结核病
肝肿大，有点状或斑状坏死	出血性败血症、鸡白痢、组织滴虫病

（续）

病理变化	提示的主要疾病
肝肿大，有伪膜，有出血点、出血斑、血肿和坏死点等	大肠杆菌病、鸡毒支原体病、弯杆菌肝炎、脂肪综合征
肝硬化	慢性黄曲霉毒素中毒、寄生虫病
肝胆管内有寄生虫	吸虫病
脾肿大，有结节	白血病、马立克氏病、结核病
脾肿大，有坏死点	鸡白痢、大肠杆菌病
脾萎缩	免疫抑制药物、白血病
胰有坏死	新城疫、禽流感
食道黏膜坏死或有伪膜	毛滴虫病、念珠球菌病、维生素A缺乏
腺胃呈球状增厚、增大	马立克氏病、传染性腺胃炎、网状内皮组织增殖病
腺胃内有小坏死结节	鸡白痢、马立克氏病、滴虫病
腺胃乳头出血	新城疫、禽流感、马立克氏病
肌胃肌层有白色坏死结节	鸡白痢、马立克氏病、传染性脑脊髓炎
小肠黏膜充血、出血	新城疫、禽流感、球虫病、禽霍乱
小肠壁有小结节	鸡白痢、马立克氏病
小肠肠腔内有寄生虫	线虫病、绦虫病
盲肠黏膜出血，肠腔内有鲜血	球虫病
盲肠出血、溃疡，内有干酪样物	组织滴虫病
泄殖腔水肿、充血、出血、坏死	新城疫、禽流感等

（续）

病理变化	提示的主要疾病
喉头黏膜充血、出血	新城疫、禽流感、传染性喉气管炎、出血性败血症
喉头由环状干酪样物附着，易剥离	脆弱性喉气管炎、慢性呼吸道病
气管、支气管黏膜充血、出血	传染性支气管炎、新城疫、禽流感、寄生虫感染等
气管、支气管黏液增多	呼吸道感染
肺内或表面有黄色、黑色结节	曲霉菌病、结核病、鸡白痢
肺内有细小结节，呈肉样	马立克氏病、白血病
肺淤血、出血	卡氏白细胞原虫病
肾肿大，有结节状突起	卡氏白细胞原虫病、脂肪肝综合征、中毒等
肾肿大，有尿酸盐沉积	传染性支气管炎、传染性囊病、磺胺类药物中毒、痛风
输尿管内有尿酸盐沉积	传染性支气管炎、传染性囊病、磺胺类药物中毒、痛风
法氏囊肿大、出血、有渗出物	新城疫、禽流感、白血病等

表13 鸡病的特征

鸡病名称	特　征
鸡白痢	1.雏鸡：3～7日龄发病，排石灰浆样粪便，糊肛门、尖叫，有的呼吸困难，剖检可见肺、心、肝等脏器有坏死结节，盲肠中可见干酪样栓子 2.青年鸡：病鸡时有腹泻，常见肌胃坏死，肝极度肿大（数倍）、有坏死点。心肌可见病灶甚至变形

（续）

鸡病名称	特　征
大肠杆菌病	1.雏鸡：常见2周龄以后发病，离群呆立或挤堆，羽毛松乱，排黄白色稀便，爪干瘪脱水，常伴有明显的呼吸道症状 2.成年鸡：一般是慢性过程，导致病鸡逐渐消瘦 剖检可见不同症状，如脐炎、心包炎、肝周炎、腹膜炎、气囊炎、眼炎、滑膜炎、输卵管炎、肠炎、肉芽肿等
慢性呼吸道疾病（支原体）	4～9周龄鸡易感，病程长，发展慢，主要表现为呼吸啰音、咳嗽、流鼻液及气囊炎，常与大肠杆菌混感 临床可见眼睑肿胀，滑膜炎等，剖检可见气管、支气管卡他性炎症，气囊增厚，有珠状小点，内含干酪样物
传染性鼻炎	以鼻腔和窦腔发炎、脸部肿胀为主要特征（一般为单侧），本病在寒冷季节多发，4周龄以上的鸡易感
葡萄球菌感染	多与皮肤黏膜创伤感染有关，如断喙、接种疫苗、刺伤、刮伤等 临床症状：皮肤多见湿润、水肿，相应部位羽毛潮湿、易掉，呈青紫色或深红色，皮下有渗出液。局部呈出血、糜烂或炎性坏死，急性的只有胸腹或大腿内侧等皮下有黄色胶冻样渗出物 类型：败血、脐炎、关节炎、浮肿性皮炎、胸囊肿、脚垫肿大
曲霉菌病（真菌）	病因：饲料或垫料有严重的污染发霉 雏鸡易发，呼吸困难，精神委顿，嗜睡，缩颈垂翅，腹泻，眼混浊等 剖检可见肺有粟粒大小的灰色结节，气囊壁增厚，有干酪样结块，后期可见灰绿色霉菌斑
肠毒综合征	由大肠杆菌、沙门氏菌、坏死杆菌、魏氏梭菌、原虫及呼肠孤病毒、冠状病毒等引起的肠黏膜卡他性炎症、出血性及坏死性炎症，临床上以腹泻为主要症状

（续）

鸡病名称	特　征
球虫病	14～42日龄，鸡发病率高，病鸡精神沉郁，食欲极差，冠及可视黏膜苍白，排稀便、血便或橘红色粪便 剖检可见盲肠球虫：盲肠肿胀、出血、糜烂直肠可见出血斑；小肠球虫：一般在小肠的中段，肠壁增厚，内容物黏稠，呈淡红色，有时可见有圆形出血点
绦虫病	各种日龄都能感染，临床可见腹泻、消瘦等症状，粪便中可见绦虫排出的成熟节片（呈白色）
蛔虫病	幼鸡患病表现为食欲减退、生长迟缓、呆立少动、消瘦虚弱、黏膜苍白、羽毛松乱、两翅下垂、胸骨突出、腹泻和便秘交替，有时粪便中有带血的黏液，以后逐渐消瘦死亡。成年鸡一般轻度感染，严重感染的表现为腹泻、日渐消瘦
新城疫	1.雏鸡新城疫：有轻微呼吸道症状，排黄绿色稀便，精神委顿，点头或震颤，扭颈麻痹等 2.育成鸡新城疫：短时间出现一次较明显的呼吸道症状，排绿色稀便，有神经症状 剖检可见喉头出血，十二指肠扁桃体、小肠扁桃体、盲肠扁桃体呈枣核样肿胀、出血坏死性变化，腺胃乳头出血，直肠黏膜成条状出血等
传染性法氏囊病	4～28日龄鸡最易感，特点为突发、病鸡腹泻，排出鸡蛋清样稀便，畏寒，缩头，头重，眼睑闭合，羽毛蓬乱 剖检可见胸、腿肌肉常见出血斑，肾苍白肿大，腺胃与肌胃交界处常见出血带，法氏囊肿大出血或外面有胶冻样渗出物
传染性支气管	病鸡呼吸困难、畏寒、排白色水样稀便 剖检可见支气管、鼻腔有浆液性、黏液性和干酪样渗出物，大的支气管周围有小面积的肺炎，卵泡充血、出血或变形，输卵管萎缩。肾型病变有苍白肿大、尿酸盐沉积，花斑肾

（续）

鸡病名称	特　征
传染性喉气管炎	以青年鸡或成年鸡易发，病鸡呼吸高度困难，以张口、伸颈喘气和咳出血样渗出物为主要症状 剖检可见喉头出血及气管上皮细胞肿胀、水肿糜烂坏死和出血，呈假膜状 青年鸡主要表现为眼角有泡沫性分泌物，眼睑肿胀和粘连
禽流感	冬季及早春易发，主要在成年鸡。H9N2为中等弱毒型，有轻度呼吸症状；排黄绿色稀便。H5N1为强毒型，早期突然死亡，中期出现冠肉髯肿胀、发紫、腿部出血等，后期大批死亡

（二）预防鸡病的措施

生态型肉鸡养殖，肉鸡接触外界与土壤，接触病原菌多，给疾病防治带来了难度。因此，必须做好卫生消毒和防疫工作。为了使生态养殖未受感染的鸡群不发病，必须采取各种有效措施预防疾病。为此，一方面要采取加强饲养管理、搞好环境卫生、合理免疫接种，必要时投喂一定药物等措施，以提高家禽的抗病能力；另一方面要采取检疫、隔离、消毒等措施，以保证鸡群不受疾病的传染。

1.牢记"养胜于防、防胜于治"

"养胜于防、防胜于治"指在肉鸡养殖过程中，做好日常的饲养管理比做好预防措施有效，而做好肉鸡防疫免疫措施比发病后对疾病采取治疗措施更有效。因此，重视其日常饲养管理，树立尽量少用药和不用药的理念，这是一种有效降低成本的方法，而且对鸡肉质量安全有很大保障。

2.加强饲养管理，搞好卫生、消毒工作，增强鸡体抗病力

（1）满足营养需求。营养物质影响鸡的生长发育、生产和抗病能力。提供的饲料营养物质不足、过量或不平衡，不但会引起鸡的营养缺乏病和中毒病，而且影响鸡体的免疫力，增强对疾病的易感性。

（2）搞好环境卫生。每天清除舍内外粪便；对鸡粪、污物、病死鸡等进行无害化处理；定期用2%～3%氢氧化钠或20%熟石灰对鸡舍及场地周围进行彻底消毒，也可撒石灰粉；除用药消毒外，还应用药灭蚊、灭蝇、灭鼠等。

（3）严格消毒制度。①外来人员不能进入生产区。②鸡场门口或生产区人口处要设消毒池和喷雾消毒间，饲料、垫料、饮水、车辆、用具、设备等必须消毒处理后方能进入生产区。③养鸡场工作人员，进入鸡场要洗澡消毒，不能随意进出其他养殖区域。④保持鸡舍清洁卫生，料桶、饮水器要定期洗，饲养过程中各种用具、设备使用前后必须清洗消毒。⑤鸡舍内要定期进行全群喷雾消毒，以及搞好其他消毒工作。其所用消毒剂种类和作用主要参见表14。

表14 常用消毒剂种类及作用

类 型	品 种	作 用
碱性消毒剂	2%～4%浓度的氢氧化钠和氧化钙	环境地面、栏舍消毒
醛类消毒剂	8%～40%浓度的甲醛溶液	环境空气消毒
含氯类消毒剂	漂白粉、次氯酸钠、氯亚明、二氯异氰尿酸钠和二氧化氯等	水、环境、地面、栏舍、带鸡消毒
碘类消毒剂	碘酊、复合碘溶液和碘伏	鸡外伤消毒、带鸡消毒
酚类消毒剂	碳酸、来苏儿、氯甲酚溶液和煤焦油皂液	环境、地面、栏舍消毒
氧化类消毒剂	过氧乙酸、双氧水和高锰酸钾	环境、地面、栏舍消毒
季铵盐类消毒剂	新洁尔灭、百毒杀等	环境、地面、栏舍消毒
醇类消毒剂	乙醇和异丙醇	鸡外伤消毒

3.定期预防接种免疫、制订药物预防和驱虫的程序与计划等

（1）定期预防接种。放养饲养管理条件下，放养鸡与各种传染病接触的机会较多，免疫程序不一定得到彻底落实，此时免疫程序设计应考虑周全，以使免疫程序更好地发挥作用。免疫程序及疫苗使用注意事项在不同的鸡场会有所不同。

在制订免疫程序的时候可以依据以下几个方面：①放养场地有发病史。制订免疫程序时必须考虑该场

已发疾病、发病日龄、发病频率和发病批次。依此确定投苗免疫的种类和免疫时机。②放养鸡场原有的免疫程序和免疫使用的疫苗。如果某一传染病始终得不到控制，这时应考虑原来的免疫程序是否合理或疫苗毒株是否对号。③雏鸡的母源抗体。了解雏鸡的母源抗体的水平、抗体的整齐度和抗体的半衰期及母源抗体对疫苗不同接种途径的干扰，有助于确定首次免疫（首免）时间。比如传染性法氏囊病（IBD）母源抗体的半衰期是6天，新城疫（ND）为4～5天。对呼吸道类传染病首免最好是滴鼻、点眼、喷雾免疫，这样既能产生较好的免疫应答，又能避免母源抗体的干扰。④季节与疫病发生的关系。有许多疾病受外界影响很大，尤其在季节交替、气候变化较大时常发，如肾型传染性支气管炎、慢性呼吸道病，免疫程序必须随着季节有所变化。通过不同的免疫方法，给没有发病的鸡群注射疫苗，让鸡群获得特异性抗体，防止鸡群暴发某些传染病，如禽流感、新城疫等。免疫程序不可一成不变，需要经常完善和更新，根据当地鸡病流行规律，随时调整免疫程序，才能有效防止疾病传播。⑤了解疫情。如果附近鸡场暴发传染病，除采取常规措施外，必要时应进行紧急接种。对于重大疫情，本场如果还没发生，也应考虑免疫接种，以防出现重大疫情，如传染性支气管炎。对于烈性传染病，应考虑死苗和活苗兼用，同时了解活苗和死苗的优缺点及相互关系，合理搭配使用。如新城疫、肾型传染性支气管炎、传染性支气管炎等。⑥目前，由于放养鸡饲养的主要是本地鸡，有些孵化场的种蛋来自散养户，无论是鸡的日龄还是免疫程序差别都很大，致使其母源抗体水平参差不齐，首免时间不易确定。套用现代肉鸡、蛋鸡的免疫程序，免疫方法不得当、免疫程序不合理等，易感染法氏囊病。鸡新城疫的免疫接种，常常采用饮水法。但是，饮水法常因群体过大，易造成饮水不均；鸡采食青绿饲料而减少饮水以及鸡饮用坑洼地的积水，直接影响饮水量和免疫效果，鸡群经常发生散发性新城疫。对放养鸡危害最严重的是传染性疾病，而传染性疾病中又以马立克氏病发生最多、危害最大。造成放养鸡马立克氏病多的主要原因，一是由于养鸡周期长达3～4个月，常需进行二次免疫，但养殖户认为本地鸡的抗病力强，不用接种马立克氏病疫苗；二是放养鸡场购买商品蛋鸡鉴别公雏时，抱有侥幸心理或仅顾眼前利益而不接种马立克氏病疫苗，其结果造成马立克氏病的大面积暴发。

放养鸡常选择快大型、中速型和慢速型黄羽肉鸡饲养，由于其生长周期不同，其免疫程序也有细微不同。其免疫程序主要参考表15、表16和表17。

表15　快大型黄羽肉鸡参考免疫程序

免疫日龄	疫苗名称	接种剂量	免疫方式
1	新支宝	1羽份	滴眼滴鼻
7	法氏囊	0.3羽份	滴口
	H5（Re-6＋Re-7）	0.3羽份	颈部皮下注射

（续）

免疫日龄	疫苗名称	接种剂量	免疫方式
15	新支120	1羽份	滴眼滴鼻
	ND＋H9	0.3毫升/只	颈部皮下注射
25	ND I 系	1羽份	肌内注射

注：新支宝为鸡新城疫、传染性支气管炎二联活疫苗（LaSota＋H120株）；法氏囊为鸡新城疫、传染性支气管炎二联活疫苗（LaSota＋H120株）；H5为重组禽流感病毒H5亚型二价灭活疫苗（Re-6＋Re-7株）；ND＋H9为鸡新城疫病毒（LaSota株）、禽流感病毒（H9亚型、SS株）二联灭活疫苗；ND I 系为鸡新城疫中等毒力活疫苗。表16、表17同。

表16　中速型黄羽肉鸡参考免疫程序

免疫日龄	疫苗名称	接种剂量	免疫方式
1	马立克CV1988	1羽份	颈部皮下注射
	新支宝	1羽份	先滴鼻后点眼
5	球虫疫苗	0.5羽份	滴口
10	法氏囊	1羽份	滴口
12	新支宝	1羽份	先滴鼻后点眼
	H5（Re-6＋Re-7）	0.15毫升/只	颈部皮下注射
	ND＋H9	0.15毫升/只	颈部皮下注射
24	H5（Re-6＋Re-7）	0.3毫升/只	肌内注射
	ND＋H9	0.3毫升/只	肌内注射
	ND I 系	2羽份	肌内注射

（续）

免疫日龄	疫苗名称	接种剂量	免疫方式
30	传染性喉气管炎	0.5羽份	滴眼
50	ND I 系	2羽份	肌内注射

表17　慢速型黄羽肉鸡免疫程序

免疫日龄	疫苗名称	接种剂量	免疫方式
1	马立克CV1988	1羽份	颈部皮下注射
	新支宝	1羽份	先滴鼻后点眼
5	球虫疫苗	0.5羽份	滴口
10	法氏囊	1羽份	滴口
	新支宝	1羽份	先滴鼻后点眼
12	H5（Re-6＋Re-7）	0.15毫升/只	颈部皮下注射
	ND＋H9	0.15毫升/只	颈部皮下注射
24	H5（Re-6＋Re-7）	0.3毫升/只	肌内注射
	ND＋H9	0.3毫升/只	肌内注射
	ND I 系	2羽份	肌内注射
30	传染性喉气管炎	0.5羽份	滴眼
60	H5（Re-6＋Re-7）	0.3毫升/只	肌内注射
	ND＋H9	0.3毫升/只	肌内注射
	ND I 系	2羽份	肌内注射

（2）制订药物预防和驱虫的程序与计划。由于生态养殖，肉鸡在野外接触寄生虫和其他病原菌的机会增大，病鸡粪便易污染饲料、饮水、土地；夏季天热

多雨，运动场潮湿，场内的粪便及其他污物得不到及时清除以及堆沤发酵等，使得虫卵"接力传染"，加快了球虫病的传播。因此要特别注意防治球虫病及消化道寄生虫病，经常检查，一旦发现，及时驱虫，在饲料或饮水中添加抗球虫药物，如添加阿苯达唑或伊维菌素，通常采用2～3种抗球虫或蛔虫药拌料交替使用，以达到预防和控制的目的。沙门氏菌也是严重危害放养鸡育雏期间成活率的疾病之一。这是因为有些放养鸡场从非正规种鸡场购买雏鸡，而这些种鸡场并未做过鸡白痢净化，一是带菌鸡通过种蛋传给下一代，二是其孵化场的孵化条件、卫生状况、管理等较差，易造成疾病传播。放养鸡因其所处环境的特殊性，常常接触污染的饲料、饮水、用具等，再加上发霉变质的饲料以及外界应激因素（雨淋、温度变化等）的影响，还易感染或并发大肠杆菌病。

（3）定期杀虫、灭鼠，进行运动场及放牧地的翻土或垫土，妥善处理粪便及病死鸡的尸体。鼠类是需要警惕的疾病传播媒介，包括沙门氏菌：密封地板和墙上的洞，密封建筑物、窗户和门上的裂缝，清除饲料、粪便和鸡蛋残余物，并随时清理垃圾，不要用前厅或阁楼作为储存室，把东西储存在封闭的房间。一个鸡场不可能完全清除鼠类，因此要高度警惕，并定期检查鸡舍，以寻找鼠的踪迹，安装带有鼠药的捕鼠器和诱鼠盒。最好是请专业公司定期来灭鼠。确保鸡粪干燥（>45%的干燥物），因为苍蝇幼虫在湿粪中成长。定期清除粪便，尤其在夏季。在鸡舍内安装紫外线杀蝇器，在设定的时间内数一数有多少只成蝇。如果数量明显增多，说明某处是幼虫和蛆虫的繁殖地。找到源头并立即用幼虫杀虫剂处理。除了化学试剂，也可以利用生物防治法控制苍蝇。如果有病死鸡要及时处理，防止苍蝇叮咬导致继发性传染。

（4）整批最好采用全进全出的饲养方式。全进全出的饲养方式，即一个鸡场应该只养同日龄的鸡群。一批鸡出售或淘汰后停养10～30天（以便消毒鸡舍及场地），再养下一批鸡。如必须从外面进鸡时，应在隔离舍单独饲养，观察1个月以上。在饲养一批鸡清栏后，放养场地的地面上用生石灰或熟石灰泼洒消毒，以备下批饲养。最好在放养场地里建2栋鸡舍，轮流消毒、划片放养。野外养鸡3年后应换个场地，以便给放养场地一个自然净化的时间。

八、生态养殖要素

本部分主要介绍了生态型肉鸡养殖过程中要特别关注的用药、抗生素、饲料添加剂、污染物无害化处理、动物福利等几大问题。

（一）养殖环境

生态型肉鸡养殖首先对养殖环境有较高的要求，对空气、水、土、植被等均要求天然、无污染，具体要求已在前面第四部分中，针对鸡场选址对生态养殖的环境要求部分，进行较为详尽的描述，在此不再赘述。

（二）饲料和饮水

饲料原料是否受霉菌毒素或重金属污染，饲料生产加工过程中是否有药物或禁用添加剂交叉污染，饮用水是否符合卫生标准，是否有病原微生物或重金属超标，以上问题的答案必须为"否"，否则会影响鸡肉安全，更称不上生态养殖。关于饲料和饮水的相关要求，在本书的其他部分均有介绍，不再重复。

（三）用药

生态养殖，饲料或者饮水中不得添加用于促生长性能的抗生素，而药品一般只能在治疗病鸡时使用。而且在饲养过程中，要严格防止过度用药和药物残留，还要注意上市前是否严格遵守了停药期，关于停药期的具体规定可根据《兽药管理条例》中制定的兽药国家标准和专业标准中部分品种的停药期规定。

一定要加强用药管理，充分认识到药物残留的危害性，及擅自滥用药物严重后果，加强宣传与教育。

下面列举国家禁止使用的药物（表18）、无公害食品肉鸡饲养中允许使用的药物（表19），及鸡病参考使用药物（表20）。

表18　国家禁用药物名录

种　　类	品　　名
兽药类	己烯雌酚及其衍生物，二苯乙烯类：如己烯雌酚
甲状腺抑制剂类	甲硫咪唑
类固醇激素类	如雌二醇、睾酮、孕激素
二羟基苯甲酸内酯类	玉米赤霉醇
β-肾上腺激动剂	克仑特罗、沙丁胺醇、西马特罗、特布他林、莱克多巴胺
氨基甲酸酯类	甲萘威

（续）

种　类	品　名
抗生素类	二甲硝咪唑，呋喃唑酮，甲硝唑，洛硝达唑，氯霉素，泰乐菌素，杆菌肽
其他类	氯丙嗪，秋水仙碱，氨苯砜，二氯二甲吡啶酚（氯羟吡啶），磺胺喹噁啉
农药类	有机氯类：六六六、滴滴涕、六氯苯、多氯联苯；有机磷类：二嗪农、皮蝇磷、毒死蜱、敌敌畏、敌百虫、蝇毒磷

表19　无公害食品肉鸡饲养中允许使用的药物

类别	药品名称	用量（以有效成分计）	休药期（天）
抗菌药	阿美拉霉素	5～10克/吨	0
	盐酸金霉素	20～50克/吨	7
	恩拉霉素	1～5克/吨	7
	黄霉素	5克/吨	0
	吉他霉素	促生长，5～10克/吨	7
	那西肽	2.5克/吨	3
	牛至油	促生长，1.25～2.5克/吨；预防，11.25克/吨	0
	维吉尼亚霉素	5～20克/吨	1
抗球虫药	盐酸氨丙啉＋乙氧酰胺苯甲酯	125克/吨＋8克/吨	3
	盐酸氨丙啉＋乙氧酰胺苯甲酯＋磺胺喹啉	100克/吨＋5克/吨＋60克/吨	7

（续）

类别	药品名称	用量（以有效成分计）		休药期（天）
抗球虫药	氯羟吡啶	125克/吨		5
	复方氯羟吡啶粉（氯羟吡啶＋苄氧喹甲酯）	102克/吨＋8.4克/吨		7
	地克珠利	1克/吨		
	二硝托胺	125克/吨		3
	氢溴酸常山酮	3克/吨		5
	拉沙洛西钠	75～125克/吨		3
	马杜霉素铵盐	5克/吨		5
	莫能菌素	90～110克/吨		5
	甲基盐霉素	60～80克/吨		5
	甲基盐霉素＋尼卡巴嗪	30～50克/吨＋30～50克/吨		5
	尼卡巴嗪	20～25克/吨		4
	尼卡巴嗪＋乙氧酰胺苯甲酯	125克/吨＋8克/吨		9
	盐酸氯苯胍	30～60克/吨		5
	盐霉素钠	60克/吨		5
	赛杜霉素钠	25克/吨		5
抗菌药	硫酸安普霉素	可溶性粉	混饮，0.25～0.5克/升，连饮5天	7
	甲磺酸达氟沙星	溶液	20～50毫克/升，1次/天，连用3天	

（续）

类别	药品名称	用量（以有效成分计）		休药期（天）
抗菌药	盐酸二氟沙星	粉剂溶液	内服、混饮，每千克体重5~10毫克，2次/天，连用3~5天	1
	恩诺沙星	溶液	混饮，25~75毫克/升，2次/天，连用3~5天	2
	氟苯尼考	粉剂	内服，每千克体重20~30毫克，2次/天，连用3~5天	30
	氟甲喹	可溶性	内服，每千克体重3~6毫克，2次/天，连用3~4天，首次量加倍	
	吉他霉素	预混剂	100~300克/吨，连用5~7天，不得超过7天	7
	酒石酸吉他霉素	可溶性粉	混饮，250~500毫克/升，连用3~5天	7
	牛至油	预混剂	22.5克/吨，连用7天	
	金荞麦散	粉剂	治疗，混饲2克/千克；预防，混饲1克/千克	0
	盐酸沙拉沙星	溶液	20~50毫克/升，连用3~5天	

（续）

类别	药品名称		用量（以有效成分计）	休药期（天）
抗菌药	复方磺胺氯哒嗪钠（磺胺氯哒嗪钠＋甲氧苄啶）	粉剂	内服，每千克体重20毫克/天＋每千克体重4毫克/天，连用3～6天	1
	延胡索酸泰妙菌素	可溶性粉	混饮，125～250毫克/升，连用3天	
抗寄生虫药抗寄生虫药	盐酸氨丙啉	可溶性粉	混饮，48毫克/升，连用5～7天	7
	地克珠利	溶液	混饮，0.5～1毫克/升	
	磺胺氯吡嗪钠	可溶性粉	混饮，300毫克/升混饲，600克/吨，连用3天	1
	越霉素	预混剂	混饲，10～20克/吨	3
	芬苯达唑	粉剂	内服，每千克体重10～50毫克	
	氟苯咪唑	预混剂	混饲，30克/吨，连用4～7天	14
	潮霉素	预混剂	混饲，8～12克/吨，连用8周	3
	妥曲珠利	溶液	混饮，25毫克/升，连用2天	

注：有些药物可能已经禁用，请及时关注最新发布的法规与公告。

表20　鸡病参考使用药物

鸡病名称	治疗方式（多种方法）
鸡白痢	1.环丙沙星、恩诺沙星[（150～200）×10^{-6}]加甲氧苄胺嘧啶（TMP）饮水 2.氨苄西林：（150～200）×10^{-6}饮水 3.庆大霉素、丁胺卡那霉素：3 000～5 000单位/只
大肠杆菌感染	1.庆大霉素：雏鸡3 000～5 000单位/只，青年鸡2万单位/只，成年鸡4万单位/只 2.甲砜霉素：0.1%拌料 3.10%氟苯尼考：拌料1克/千克 4.强力霉素＋硫酸新霉素＋甲氧苄胺嘧啶（环丙沙星、恩诺沙星、氧氟沙星）＋氨苄西林
慢性呼吸道疾病(支原体)	1.红霉素：每克加10千克水，3～5天 2.北里霉素：每克加水4～5千克，3～5克/天 此外，庆大霉素、卡那霉素、链霉素、强力霉素、泰乐菌素、林可霉素等均有效
传染性鼻炎	磺胺类首选 1.复方新诺明：每千克体重20～25毫克或0.1%～0.2%混饲 2.庆大霉素：成年鸡，3万～4万单位/只，肌内注射 3.链霉素：30万～40万单位/只，肌内注射 4.喹诺酮类、氨苄西林等
葡萄球菌感染	1.青霉素：每千克体重20万单位，肌内注射 2.庆大霉素：每千克体重2万单位 3.甲砜霉素：0.1%拌料 4.喹诺酮类：每克加5～10千克水，饮水 5.氨苄西林或头孢菌素：每千克体重20毫克，饮水 6.林可霉素＋氨苄西林＋甲氧苄啶

（续）

鸡病名称	治疗方式（多种方法）
曲霉菌病（真菌）	1.清除霉变饲料及发热饲料 2.用1：2 000的硫酸铜饮水3～4天。 3.用0.1%高锰酸钾饮水1～2天 4.用制霉菌素、抗霉菌制剂等
肠毒综合征	临床应考虑以下药物的配伍使用： 1.肠道吸收率较差的药物，如庆大霉素、青霉素、丁胺卡那霉素、新霉素、氨苄西林、磺胺类、乙酰甲喹 2.球虫药：磺胺类、地克珠利等 3.维生素K、维生素B
球虫病	1.二硝托胺：（125～250）×10^{-6}，混饲 2.氨丙啉：（100～250）×10^{-6}，饮水 3.磺胺氯吡嗪钠：$300×10^{-6}$，饮水 4.严重感染时每千克体重配伍青霉素20万单位＋复合维生素 注意：原则上按说明剂量使用
绦虫病	1.丙硫苯咪唑：每千克体重20～25毫克 2.硫双二氯酚：每千克饲料200毫克 3.氯硝柳胺：每千克饲料150毫克 4.氢溴酸槟榔素：每只成年鸡3毫克 注意：隔1周可重复使用1次
蛔虫病	1.左咪唑：每千克体重10～20毫克，混料一次内服 2.丙硫苯咪唑：每千克体重10毫克，混料一次内服 3.氟甲苯咪唑：每千克体重30毫克混入饲料，连续7天 4.每只鸡用南瓜子20克，焙焦研末，混料内服
新城疫	一般全部扑杀
传染性法式囊病	升高温度，补足饮水，葡萄糖＋复合维生素，加复方黄芪冲剂（党参、黄芪、板蓝根）

（续）

鸡病名称	治疗方式（多种方法）
传染性喉气管炎	原则：缓解呼吸困难，防止继发感染。 1.滴眼：红霉素眼药水 2.喷喉：青霉素＋链霉素＋地塞米松 3.肌内注射：庆大霉素（每千克体重4万单位）＋链霉素（每千克体重20万单位） 4.中草药：喉炎康，拌料
传染性支气管炎	提高温度，补足饮水，中草药制剂如新支灵
禽流感	全部扑杀

（四）慎用饲料添加剂

饲料添加剂是在配合饲料中特别加入的各种少量或微量成分。其主要作用是完善其他饲料原料的营养，从而更全面地满足动物的营养需要，提高饲料的整体利用效率，促进肉鸡生长，预防疾病，减少饲料在储存过程中的损失，改进产品的品质，因而是配合饲料中不可缺少的组成部分。

饲料添加剂的种类很多，一般分为两大类，一类是营养性添加剂，包括氨基酸、微量矿物元素和维生素添加剂，可为肉鸡提供营养物质；另一类是非营养性添加剂，主要有酶制剂、抗氧化剂等，作用是提高饲料利用效率，促进肉鸡生长、保健及保护饲料中其他营养成分。

饲料中的药物性添加剂是否按种类和剂量的规定进行添加，这是生态型肉鸡养殖必须注重的问题，事关鸡肉产品的质量安全。由于禁用的饲料添加剂种类太多，不便于列出，因此，这里仅指出允许使用的和近期禁用的饲料添加剂。我国允许使用的饲料添加剂，请查询和参考农业部发布的《饲料添加剂品种目录（2013）》以及之后推出的《农业部关于征求增补〈饲料添加剂品种目录〉〈饲料原料目录〉意见的通知》等更新的品种。

对于国家明令禁止的饲料添加剂，一定不要使用，需要注意的是，随着研究的不断深入和对产品安全的要求不断提高，这些规定经常会有更新，要不断进行关注。例如2017年10月30日，农业部发布《关于发布〈药物饲料添加剂品种目录及使用规范〉的公告（征求意见稿）》，意味着实施了16年的农业部第168和220号公告废止。对比新旧药物饲料添加剂品种目录及使用规范，可以发现原168号附录一收录了33种药物添加剂，而该公告（征求意见稿）附录1收录了26种，有删有增。新增的品种如喹烯酮预混剂、博落回散、山花黄芩提取物散等。删除（近期禁用的）的品种如洛克沙肿预混剂、喹乙醇预混剂、硫酸黏杆菌素预混剂、牛至油预混剂等。

再例如农业部公告第2625号《饲料添加剂安全使用规范》于2018年7月1日起施行，而其对应的2009年6月18日发布的《饲料添加剂安全使用规范》（农业部公告第1224号）同时废止。

（五）污染物无害化处理

在生态养殖中，每天产生大量的污水和鸡粪，如果这些污水、鸡粪和病死鸡不经过处理，不但污染环境，而且臭气会令人难以忍受，严重影响人和家禽的健康。

生态型肉鸡养殖场废弃物无害化处理主要包括鸡粪和鸡场污水无害化处理、鸡的尸体（主要是因疾病而死亡的鸡）的无害化处理、废弃的垫料无害化处理、鸡舍及鸡场散发出的有害气体和灰尘及微生物的无害化处理、饲料加工厂排出的粉尘无害化处理等。鸡场废弃物经无害化处理后，可以作为农业用肥，但不得作为其他动物的饲料。较常用的处理方法有堆积生物热处理法、鸡粪干燥处理法。

1.鸡粪的无公害化处理

（1）干燥法。①直接干燥法。常采用高温快速干燥，又称火力快速干燥，即用高温烘干迅速除去湿鸡粪中水分的处理方法。在干燥的同时，达到杀虫、灭菌、除臭的作用。②发酵干燥法。利用微生物在有氧条件下生长和繁殖，对鸡粪中的有机和无机物质进行降解和转化，产生热能，进行发酵，使鸡粪容易被动植物吸收和利用。由于发酵过程中产生大量热能，使鸡粪升温到60～70℃，再加上太阳能的作用，可使鸡粪中的水分迅速蒸发，并杀死虫卵、病菌，除去臭味，达到既发酵又干燥的目的。③组合干燥法。即把发酵干燥法与直接干燥法相结合。既能利用前者能耗低的优点，又能利用后者不受气候条件影响的特点。

（2）发酵法。即利用厌氧菌和好氧菌，使鸡粪发酵的处理方法。①厌氧发酵（沼气发酵）。这种方法适用于处理含水量很高的鸡粪。一般经过两个阶段：第一阶段是由各种产酸菌参与发酵液化过程，即复杂的高分子有机质被分解成相对分子质量小的物质，主要是分解成一些低级脂肪酸；第二阶段是在第一阶段的基础上，经沼气细菌的作用变换成沼气。沼气细菌是厌氧细菌，所以沼气发酵必须在完全密闭的发酵罐中进行，不能有空气进入，沼气发酵所需热量要由外界提供。厌氧发酵产生的沼气可作为居民生活燃料，沼渣还可做肥料。②快速好氧发酵法。利用鸡粪本身含有的大量微生物，如酵母菌、乳酸菌等，或采用专门筛选出来的发酵菌种，进行好氧发酵。通过好氧发酵可改变鸡粪品质，使鸡粪熟化，并达到杀虫、灭菌、除臭的目的。

2.污水的无公害化处理

除鸡粪以外，鸡场污水对环境的污染也相当严重。因此，污水处理工程应与鸡场主建筑同时设计、同时施工、同时运行。

鸡场的污水来源主要有四条途径：①生活用水。②自然雨水。③饮水器终端排出的水和饮水器中剩余的污水。④洗刷设备及冲洗鸡舍的水。

鸡场污水处理基本方法和污水处理系统多种多样，有沼气处理法、人工湿地分解法、生态处理系统法等，各场可根据本场具体情况应用。一般全场污水经各渠道汇集到场外的集水沉淀池，经过沉淀使鸡粪等固形物留在池内，污水排到场外的生物氧化沟（或氧化塘），污水在氧化沟内缓慢流动，其中的有机物逐渐分解。据测算，氧化沟尾部污水的化学耗氧量（COD）可降至200毫克/升左右，这样的水再排入鱼塘，剩余的有机物经进一步矿化作用，为鱼塘中水生植物提供肥源，化学耗氧量可降至100毫克/升以下，符合污水排放标准。

3.死鸡的无害化处理

在肉鸡生产过程中，由于各种原因鸡死亡的情况时有发生。如果鸡群暴发某种传染病，则死鸡数会成倍增加。这些死鸡若不加处理或处理不当，其病原微生物会污染大气、水源和土壤，造成疾病的传播与蔓延。死鸡的处理可采用以下几种方法。

（1）高温处理法。即将死鸡放入特设的高温锅（5个标准大气压，150℃）内熬煮，也可用普通大锅，经100℃以上的高温熬煮处理，均可达到彻底消毒的目的。对于一些危害人畜健康，患烈性传染病尤其是人畜共患病死亡的鸡，应采用焚化法处理。

（2）土埋法。这是利用土壤的自净作用使死鸡无害化。采用土埋法，必须遵守卫生防疫要求，即尸坑应远离鸡场、鸡舍、居民点和水源地，掩埋深度不小于2米。必要时，尸坑内四周应用水泥板等不透水的材料密封，死鸡尸体及四周应洒上消毒药剂，尸坑四周最好设栅栏并做上标记。较大的尸坑盖板上还可预留几个孔道，套上硬塑料管，这样便于未来继续向坑内扔死鸡。

（3）腐尸坑处理法。腐尸坑也称生物热坑，用于处理在流行病学及兽医卫生学方面具有危险性的病死鸡尸体。一般坑深内径3～5米，坑底及内壁用防渗、防腐材料建造。坑口要高出地面，以免雨水进入。腐尸坑内鸡尸体不要堆积太满，每层之间撒些生石灰，放入后要将坑口密封一段时间，微生物分解畜禽所产生的热量可使坑内温度达到65℃以上。经过4～5个月的高温分解，就可以杀灭病原微生物，尸体腐烂达到无害化，分解物可作为肥料。

（4）焚化处理病死鸡。焚化处理一般在焚化炉内进行。通过燃料燃烧，将病死的鸡等化为灰烬。这种处理方法能彻底消灭病原微生物，处理快而卫生。

（5）堆肥法。鸡的尸体因体积较小，可以与粪便的堆肥处理同时进行。混合堆肥处理时的比例，一般按1份（重量）死鸡配2份鸡粪和0.1份秸秆较为合适。

4.垫料的无害化处理

在肉鸡生产中，在育雏垫料上平养，清除的垫料实际上是鸡粪与垫料的混合物，对这种混合物的处理可采用如下几种方法：①窖贮或堆贮。为了使发酵作用良好，鸡粪和垫料混合物的含水量应调至40%，否则鸡粪的黏性过大会使操作非常困难。混合物在堆贮的第四天至第八天，堆温达到最高峰（可杀死多种微生物），保持若干天后，逐渐与气温平衡。②直接燃烧。如果鸡粪垫料混合物的含水率在30%以下就可以直接燃烧，作为燃料来供热，同时满足本场的热能需要。鸡粪垫料混合物的直接燃烧需要专门的燃烧装置。如果鸡场暴发某种传染病，此时的垫料必须用燃烧法进行处理。③生产沼气。沼气生产的原理与方法请参见鸡粪的处理。用鸡粪作为沼气原料，一般需要加入一定量的植物秸秆，以增加碳源。而用鸡粪垫料混合物作为沼气原料，由于其中已含有较多的垫草，碳氮比较为合适，作为沼气原料使用起来十分方便。

（六）种养结合的循环模式

以肉鸡养殖为起点，然后运用排泄物资源，实现种养结合，大力推广生态养殖、有机肥、沼液施用，结合病虫害绿色防控，提升种植业农产品品质；以种植业生产废弃物为源头，大力推进秸秆、枝条资源化利用，促进食用菌产业发展，构建肉鸡养殖业—种植业—食用菌产业的循环模式。该模式主要优势如下：实现养殖粪便和污水厌氧发酵后就近消纳。肉鸡养殖粪便和污水进入沼气池发酵产生沼气，供养殖场生产生活使用，产生的沼液经过滤泵房过滤稀释后，通过喷滴灌管网输送到附近茶山、果园、竹林和苗木基地中就地消纳，每个养殖场分别形成"鸡－沼－

茶""鸡－沼－果""鸡－沼－竹""鸡－沼－苗木"等种养结合的生态循环农业模式。

（七）关注动物福利

尽管动物福利在我国仍然没有获得足够重视和社会的普遍共识，但生态型肉鸡养殖要比其他肉鸡养殖模式更具备保障动物福利的条件，也更应该关注动物福利，应该更积极地倡导和实行肉鸡的福利养殖。

1.动物福利的定义

根据世界动物卫生组织（OIE）《陆生动物卫生法典》（2011），动物福利是指动物如何适应其所处的环境，满足其基本的自然需求。科学证明，如果动物健康、感觉舒适、营养充足、安全、能够自由表达天性并且不受痛苦、恐惧和压力威胁，则满足动物福利的要求。而高水平动物福利则更需要疾病免疫和兽医治疗，适宜的居所、管理、营养，人道对待和人道屠宰。动物福利尤指动物的生存状况；而动物所受的对待则有其他术语加以描述，例如动物照料、饲养管理和人道处置。

2.动物福利提出动物应享有的"五大自由"

（1）享受不受饥渴的自由。保证提供动物保持良好健康和精力所需要的食物和饮水。

（2）享有生活舒适的自由。提供适当的房舍或栖息场所，让动物能够得到舒适的睡眠和休息。

（3）享有不受痛苦、伤害和疾病的自由。保证动物不受额外的疼痛，预防疾病并对患病动物进行及时的治疗。

（4）享有生活无恐惧和无悲伤的自由。保证避免动物遭受精神痛苦的各种条件和处置。

（5）享有表达天性的自由。被提供足够的空间、适当的设施以及与同类伙伴在一起。

九、知识拓展

本部分主要补充介绍了生态型肉鸡养殖过程中还需要了解的法律法规、饲料营养与配方。

（一）生态养殖相关法律、法规、标准、指导意见

我国有关畜牧生产发布过很多相关的法律法规，这些法律法规，既是对畜牧生产的行为进行一定程度的约束，但也保证了其向规范、有序的方向发展，有时，也是养殖者捍卫自己权益的武器，要有"知法、学法、懂法、守法、用法"的意识。例如《中华人民共和国畜牧法》《中华人民共和国动物防疫法》《兽药管理条例》《中华人民共和国食品安全法》和《中华人民共和国农产品质量安全法》等，这些法律法规，基本都可以直接和方便地在农业部和各大养殖专业网站上查询得到。

同时，各级部门也相应出台了很多与饲料、饲养管理、食品安全等相关的标准和指导意见，为实

际生产和操作提供了大量规范与指导。例如《标准化养殖场　肉鸡》（NY/T 2666—2014）、《饲料卫生标准》（GB 13078—2017）、《饲料添加剂安全使用规范》（农业部公告第2625号）、《商品肉鸡生产技术规程》（GB/T 19664—2005）、《黄羽肉鸡饲养管理技术规程》（NY/T 1871—2010）、《黄羽肉鸡产品质量分级》（GB/T 19676—2005）、《肉鸡生产技术规范》（DB11/T 328—2005）、《肉鸡屠宰操作规程》（GB/T 19478—2004）、《无公害农产品　黄羽肉鸡散养生产技术规程》（DB3205/T 009—2002）等。但也要了解到，这些标准是在不断变化的，时有删增，甚至作废。有些尽管已经作废，但在尚无对应新版推出之前，也有一定程度的参考价值。例如《无公害食品　肉鸡饲养兽药使用准则》（NY 5035—2001，已作废）、《无公害食品肉鸡饲养管理准则》（NY/T 5038—2001，已作废）、《无公害食品　肉鸡饲养饲料使用准则》（NY 5037—2001，已作废）、《无公害食品　肉鸡饲养兽医防疫准则》（NY 5036—2001，已废止）。以上标准，基本都可以在"食品伙伴网"等网站进行查询和下载。

（二）饲料原料成分与营养价值，饲养标准和营养需要，饲料配方

1.饲料原料成分与营养价值

构成饲料与养殖最重要的两块基石就是饲料原料成分与营养价值和动物的营养需要量。道理简而言

之，就是要知道饲料里面包含多少营养，而且知道鸡需要多少营养，两者都知道后，就可以根据鸡的需要，寻找质优价廉的原料进行组合、加工，配制成科学的饲料，从而满足鸡生长需要，将饲料高效地转化成鸡肉。饲料原料成分与营养价值和动物营养需要量的研究，一直是动物营养与饲料科学的研究重点和热点，因为饲料原料种类众多，而且不断在变化和涌现新的原料，另外，研究也在不断深入；而动物的营养需要量也随着动物育种的不断发展，新畜禽品种的出现，以及研究的不断拓展而深入。以上研究最重要的几点结论为：饲料的化学成分不能代表有效成分；即使是同一种类饲料，其变异性也很大，不同品种、产地、收获季节等都可能造成影响；不同品种动物和不同阶段，甚至是相同品种和阶段而不同的个体，其对同一饲料原料的消化吸收效率及营养需要量都存在差异。

2.饲养标准和营养需要

了解这些最基本的概念后，就可以理解饲养标准了，饲养标准是针对某些特定动物和特定阶段，给出营养需要的推荐量，根据这些推荐量和饲料的成分与价值参数，可以进行简单而基本的饲料配方设计。

（1）饲养标准。饲养标准是根据大量饲养实验结果和动物生产实践的经验总结，对各种特定动物所需要的各种营养物质的定额作出的规定，这种系统的营养定额及有关资料统称为饲养标准。

饲养标准是在不断变化和进步的，其含义和准确程度受科学研究条件和技术进步程度制约。早期的"饲养标准"基本上是直接反映动物在实际生产条件下摄入营养物质的数量，适用范围比较窄。现行饲养标准则更为确切和系统的表述，是经实验研究确定的特定动物，在不同品种、性别、年龄、体重、生理状态、生产性能、不同环境等条件下，能量和各种营养物质的定额数值。

（2）营养需要（也称营养需要量）。是指动物在最适宜环境条件下，正常、健康生长或达到理想生产成绩时，对各种营养物质种类和数量的最低要求。请注意营养需要量是一个群体平均值，没有包括一切可能增加需要量而设定的保险系数。

制定这种营养需要的目的，是为了使营养物质定额具有更广泛的参考意义。因为假设在最适宜的环境条件下，同品种或同种动物在不同地区或不同国家，对特定营养物质需要量没有明显差异，若是这样，就可以使营养需要量在世界范围内相互借用参考。而为了保证相互借用参考的可靠性和经济有效地饲养动物，营养物质的定额是按照最低需要量给出的。对一些有毒有害的微量营养素，也常给出耐受量和中毒量。

营养需要中规定的营养物质定额一般不适宜直接在动物生产中应用，常要根据不同的具体条件，适当考虑一定程度的保险系数，并结合实际情况进行调整。其主要原因是实际动物生产的环境条件一般难以达到制定营养需要所规定的条件要求。因此应用营养需要中的定额，认真考虑保险系数十分重要。

（3）可参考的饲料成分表和饲养标准。世界其他国家和我国，都相继发布过饲料原料成分与价值表和饲养标准。例如《美国家禽营养需要》（1994），《中国饲料成分及营养价值表》（可在此网站下载：www.chinafeeddata.org.cn），农业行业标准《鸡饲养标准》（NY/T 33—2004）和即将要发布的中国《黄羽肉鸡饲养标准》等。

需要注意的是，生态型肉鸡养殖所用鸡的品种繁多，饲养期和生产性能差异较大，且各地的气候条件、环境状况、饲养方式、当地的饲料资源也不同，而且由于可能涉及放养阶段野外采食饲料难以计算，导致很难制定统一的放养鸡营养需要标准。我国黄羽肉鸡的体型、增重速度、采食量等与白羽肉鸡差异很大，然而现状却是国内外研究白羽肉鸡的营养需要相对较多，所以，有时不得不参考白羽肉鸡的营养需要参数。因此，不能盲目照搬，若要参考，也要尽量找与实际情况较为接近的前期研究，并需要不断地摸索与修正。

在参考营养需要时，要注意对比自己所用肉鸡品种、生长速度、出栏时间等进行调整。一般而言，生长期越短，长速越快，对营养的需要越高；不同季节也需要相应调整，如夏季炎热，鸡的采食量减少，需增加饲料中的蛋白质和能量等的营养浓度，而冬季寒冷，鸡用以维持体温的能耗增大，饲料中的能量要适当提高。由于大多生态养殖采用的为地方品种，因此，本书列举了几个地方品种的饲养标准和营养需要（表21、表22、表23），仅供读者参考。

表21 我国地方品种肉用黄鸡的饲养标准

周龄	代谢能 （兆焦/千克）	粗蛋白质（%）	蛋白能量比 （克/兆焦）
0～5	11.72	20.00	17.06
6～11	12.13	18.00	14.84
12	12.55	16.00	12.74

注：①其他营养指标参考肉仔鸡饲养标准折算。②适用于广东等地方黄羽肉鸡，不适用于各种杂交肉用黄鸡。

表22 黄羽肉鸡仔鸡营养需要

营养指标	母0～4周龄 公0～4周龄	母5～8周龄 公4～5周龄	母＞8周龄 公＞5周龄
代谢能（兆焦/千克）	12.12	12.54	12.96
粗蛋白质（%）	21.00	19.00	16.00
赖氨酸能量比（克/兆焦）	0.87	0.78	0.66
蛋白能量比（克/兆焦）	17.33	15.15	12.34
赖氨酸（%）	1.05	0.98	0.85
蛋氨酸（%）	0.46	0.40	0.34
蛋氨酸＋胱氨酸（%）	0.85	0.72	0.65
苏氨酸（%）	0.76	0.74	0.68
钙（%）	1.00	0.90	0.80
总磷（%）	0.68	0.65	0.60

（续）

营养指标	母0～4周龄 公0～4周龄	母5～8周龄 公4～5周龄	母＞8周龄 公＞5周龄
非植酸磷（%）	0.45	0.40	0.35
钠（%）	0.15	0.15	0.15
氯（%）	0.15	0.15	0.15
铁（毫克/千克）	80	80	80
铜（毫克/千克）	8	8	8
锰（毫克/千克）	80	80	80
锌（毫克/千克）	60	60	60
碘（毫克/千克）	0.35	0.35	0.35
硒（毫克/千克）	0.15	0.15	0.15
亚油酸（%）	1	1	1
维生素A（国际单位/千克）	5 000	5 000	5 000
维生素D（国际单位/千克）	1 000	1 000	1 000
维生素E（国际单位/千克）	10	10	10
维生素K（毫克/千克）	0.50	0.50	0.50
硫胺素（毫克/千克）	1.80	1.80	1.80
核黄素（毫克/千克）	3.60	3.60	3.00
泛酸（毫克/千克）	10	10	10
烟酸（毫克/千克）	35	35	25
吡哆醇（毫克/千克）	3.5	3.5	3.0
生物素（毫克/千克）	0.15	0.15	0.15

（续）

营养指标	母0~4周龄 公0~4周龄	母5~8周龄 公4~5周龄	母>8周龄 公>5周龄
叶酸（毫克/千克）	0.55	0.55	0.55
维生素B$_{12}$（毫克/千克）	0.010	0.010	0.010
胆碱（毫克/千克）	1 000	750	500

注：黄羽肉鸡指《中国家禽品种志》及各省、自治区、直辖市畜禽品种志所列的地方品种鸡，同时还包括这些地方品种鸡血缘的培育品系、配套系鸡种，包括黄羽、红羽、褐羽、黑羽、白羽等羽色。

表23　台湾畜牧学会建议的快速生长型土鸡的营养需要量

周龄	0~4周	4~10周	10~14周
粗蛋白质（%）	20	18	16
代谢能（兆焦/千克）	12.55	12.55	12.55
赖氨酸（%）	1.0	0.9	0.85
含硫氨基酸（%）	0.84	0.74	0.68
色氨酸（%）	0.20	0.18	0.16
钙（%）	1.0	0.8	0.8
有效磷（%）	0.45	0.35	0.3

3.饲料配方

饲料配方是根据饲料营养价值和动物需要量进行饲料组合、配制的方案。看似简单，其实想要做好也不容易，需要将饲料营养价值、动物营养需要量、饲料成本和养殖经营目标等综合考虑，除了书本静态的知识外，还需要实践经验的摸索。因此，想要自己设计饲料配方的养殖者，需要多方学习，请教有经验的人，不要盲目自信和蛮干，导致饲料配制不合理、浪费和鸡群生长性能的下降。以下列举了三种类型黄羽肉鸡的饲料配方（表24、表25、表26），仅供参考。

表24　快大型黄羽肉鸡饲料配方参考

原料（%）	1～21日龄	22～42日龄	>43日龄
玉米	64	65	69
花生粕	18.6	15.43	10.84
豆粕	7	8.24	8.24
大豆油	0.68	4.65	4.25
玉米蛋白粉	3	0.2	2.79
磷酸氢钙	2.22	1.77	1.54
石粉	1.0	1.14	1.18
食盐	0.28	0.28	0.28
沸石粉	2.22	2.29	0.88
预混料	1	1	1
合计	100	100	100

表25　中速型黄羽肉鸡饲料配方参考

原料（%）	1～28日龄	29～56日龄	>57日龄
玉米	65	68	71
次粉	2	0	0

（续）

原料（%）	1~28日龄	29~56日龄	>57日龄
豆粕	25.3	24	21
鱼粉	2	0	0.2
大豆油	0	1.5	2
玉米蛋白粉	1	1.05	0
磷酸氢钙	1.53	1.75	1.58
石粉	1.16	0.95	0.97
食盐	0.21	0.25	0.25
沸石粉	0.8	1.50	2.00
预混料	1	1	1
合计	100	100	100

表26　慢速型黄羽肉鸡饲料配方参考

原料（%）	1~30日龄	31~60日龄	61~90日龄	>90日龄
玉米	63	70	72	76
豆粕	28.3	19.3	15.4	9.5
大豆油	2.08	4	3.76	3.6
玉米蛋白粉	2	3	4	5
磷酸氢钙	2.28	1.50	1.48	1.54
石粉	1.04	0.9	1.34	0.68
食盐	0.3	0.3	0.3	0.3
沸石粉	0	0	0.72	2.38
预混料	1	1	1	1
合计	100	100	100	100